超越指數

SOROS ON SOROS

Staying Ahead of the Curve

喬治・索羅斯　著

霍達文　譯

導讀

李挺生（群益投信企畫業務部副理）

索羅斯被視爲世界上最成功的投資專家之一，他的名氣奠立於他與吉姆・羅傑斯（Jim Rogers）共同設立的量子基金。此基金從一九六九年成立以來，只有在一九八一年賠錢，平均每年的報酬率高達三五％。但是大多數人無法了解複利的妙用，特別是以押寶方式投資股票的人，更無法體會資產每年成長三五％的滋味。所以，直到一九九二年，索羅斯的功力才普遍爲世人所認定。

當年，索羅斯把握德國統一後，德國央行與歐洲貨幣同盟間的政策矛盾，大舉放空里拉、英鎊等弱勢貨幣，非但替他的量子基金賺進十億美元，也造成歐洲金融市場的大動盪。並因匯率波動超出議定範圍，義大利與英國被迫暫時退出貨幣同盟，英格蘭銀行與其他歐洲國家央行將隔夜拆款利率拉高到一〇〇％以應付變局。此使央行在匯市不敗的神話破滅，並爲索羅斯建立「市場驅動者」名號。

出生於匈牙利的索羅斯，童年經歷納粹佔領與蘇聯共黨的統治。而在倫敦經濟學院受教於卡爾・波柏，當時波柏以「開放社會及其敵人」一書著稱於世，書中把極右的法西斯與極左的共產同列爲民主自由的敵人，是開創戰後社會思想主流的大師之一。在跨入華爾街後，基本上索羅斯也把投資視爲實踐個人哲學的方法。在書中，他以「大起大落理論」作爲解釋重大投資決策的依據，也用來解釋蘇聯帝國的興亡。因而用哲學家稱呼他，將比投資家更能勾畫索羅斯的特質。此外，索羅斯與哈維爾（捷克總統）、葉爾欽（俄羅斯總統）亦有個人交情，對波士尼亞情勢也有其個人的意見，顯示他欲將個人哲學落實在政治上的企圖。

索羅斯運用三度空間與平面的比較，在看好時運用衍生性商品加大部位，看壞時融券放空，多了財務槓桿的運用。也因爲善用槓桿原理，他可以創造倍數於競爭對手的報酬率。在進行投資決策時，他重視「宏觀」的因素，也就是「大起大落理論」。掌握國家、產業、公司由盛轉衰與由衰轉盛的契機，而從中獲利。

索羅斯的哲學、投資理論及政治理想都在本書以對談的方式，坦誠呈現。相信讀者閱畢，對於世界金融市場的了解會有深度及廣度的增加，而對於他的個人哲學，則如品茗茶，甘醇持久，回味無窮。

目錄

導讀 003
自序 007
第一篇 投資與全球金融
第一章 投資專家 011
第二章 大師的鍛鍊過程 043
第三章 量子基金的始末 076
第四章 投資理論 103
第五章 理論的實踐 124
第二篇 地緣政治、慈善事業及全球性轉變
第六章 慈善家 169

第七章 無國界的政治家 226
第八章 美國及開放社會的前途 263
第三篇 人生哲學
第九章 失敗的哲學家 305
第十章 權力與神話 346
附　錄 喬治・索羅斯作品選
開放社會與封閉社會 369
歐洲解體的前景 430
避險基金與動態避險 448

獻給所有致力於建立開放社會的人，不論他們是否加入我的基金網路。

自序

這本書的緣起，是德國法蘭克福大衆報記者柯倫女士為我所作的長篇訪問記，當時係以德文刊行。最初，約翰・韋里父子公司打算把訪問記錄譯成英文發行，但後來我決定著手寫一個全新版本。我覺得對談形式很適合我，而這樣的編撰方式就成了一項規模浩大的工程。

這本書是我一生事業的寫照：第一部分其實是由我的老友，也是摩根史坦利公司的投資策略顧問拜倫・韋恩採訪我的訪談聯綴輯錄而成，這一部分談的是我的個人背景以及我的基金經理人生涯；第二部分則是柯倫女士所作的訪問記錄，談的是我的政治見解和慈善事業；結尾部分也是拜倫・韋恩的傑作，談的是指導我賺錢和花錢的人生觀。

這些人生觀和金錢無關，而和人間世態有關。金融市場曾是我試驗個人各種想法的實驗室，在蘇聯帝國瓦解時，我也有幸把我的有關想法在當地試行，因而有些重要信息希望能公諸於世。更重要的是我希望把我認爲的「開放社會」信息和衆人分享，否則這種信念就全無意義可言。書成之際，我覺得這一點我辦到了。

本書編輯邁拉爾斯・湯普森原來希望把我這本書導向對金融市場感興趣的讀者，我並不排斥這種主張，原因是我本人也對金融市場很感興趣，特別是在這個充滿動盪不安的轉捩點上。但我的目標是更廣泛的讀者，我很希望對金融市場不感興趣的人也覺得這本書值得一讀。

這本書的初稿，承蒙肯恩・安德森，史坦・杜魯根米勒，丹・歐勒，額米尼奧・法拉格，蘇珊・倫茲，加利・格拉史丹，卡倫・格倫堡，波丹・郝利拉辛，茱莉・朱瑞斯，阿里・阿比維納，安莉・拉伯雷，阿爾耶爾・尼爾，比爾・牛頓・史密斯，伊茲・雷夫，尼克・羅迪提，蘇珊・索洛斯，保羅・索洛斯，喬納森・索洛斯，米柯洛斯・瓦薩合里，比爾・札貝和約翰・茲段斯特拉諸君斧正。

對他們的高見，我在此表示謝意，本書所有的內容，則由我本人負責。愛美莉・蕾絲在編輯方面提供的協助，以及法蘭西絲・阿博賽特，施拉・歐特納和素恩・帕德森等諸君在各方面的幫忙，也一併致謝。

超越指數

SOROS ON SOROS

第一篇　投資與全球金融

拜倫・韋恩

第一章　投資專家

華爾街最近盛行這樣的說法：拉戌莫爾山正對面矗立著另一座山，這座山是獻給世界上最偉大的兩位基金經理人，山頭上高聳著兩座的人頭浮雕像，其中一位是華倫．巴菲特，另一位就是你——索羅斯。

世上恐怕沒有另外一對比我們兩人更不相像的了。

閣下認為你足以被稱為世上最偉大的基金經理人之一嗎？

問得好，我還不知道我已經那麼高高在上；但另外的一個問題是，我能夠在上面待多久？

目前你在基金管理方面已經不如從前活躍。

所以我才有機會留在那座山上。

量子基金是有史以來最成功的基金之一。假如投資分紅重投資，在一九六九年投資的一千元，現在就已經累積成兩百多萬美元。量子基金究竟有什麼過人之處？量子基金的獲利豐富，經營成功，除了有你的投資技巧外，是不是結構上有什麼特別的地方？

是的，它的結構的確是非比尋常，原因是我們使用「四兩撥千斤」的槓桿操作原理。我們把基金放在有利地位，利用股市趨勢伺機而動，這種手法我稱它爲「宏觀投資」（Macroinvesting）。我們挑選個別股票及不同的股票組合順勢操作，所以我們的作業有不同的層次。要理解這一點，最簡單的辦法莫如把一般的投資組合設想爲只有兩度空間的平面體；我們的投資組合則比較像一幢建築物，運用槓桿原理，有結構地操作。我們以股東資本（Equity Capital）爲基礎，建立起一個三度空間的立體結構，而支持這個立體結構的則是證券的抵押價值。舉例來說，我們以自有資金去買股票，其中五成用現金支付，其餘半數以貸款方式籌資。

假如買債券，則貸款比率可以更高，只要有一千塊錢，就至少可以買入價值五萬元的長期債券。而不論股票或債券，都可以賣空的方式操作：融券而來的股票日後以更低廉的價錢把它們買回來，賺取其中的利差；同時我們也建立貸款或指數期貨部位，不論是做多或做空，這些部位互相支援呼應，創造了此一立體的風險和機會結構。一般只要兩天——一天走高，一天走低——就可以看出基金的效益形勢。

這麼說來，你的基金和一般的投資組合在操作上有若干區別，其一是你利用槓桿原理，其二為你分別投資在不同的資產裏，不但投資貨幣，也投資其他金融商品；再者，你也做多或做空不同的資產。我說得對嗎？

對。

也因此你認為隨著這些不同投資組合所帶來的風險，是符合你的「宏觀」看法的。

對。

在其中衍生性金融商品也舉足輕重，對嗎？

在我們的投資組合中，衍生性金融商品所扮演的角色，其實不如外人所想的重要。爲了規避風險，有時我們的確操作指數期貨，不論做多或做空，目的只是希望能在市場上多多曝光。我們不常利用期權，原因是我們不知道如何將期權控制在我們能夠接受的風險中。通常在買期權時，投資人必須付給專業人士一大筆費用，而其所能得到的優勢我們用貸款買入股票也可以得到，而且所付出的代價更低。當然，用貸款建立股票部位比買進期權的風險大，但當面對的是實際風險時，我們也比較容易軋平隨之而來的風險。事實上，出售期權是靠承擔風險賺錢，這也可以是一本萬利的生意，但這和利用槓桿原理的投資組合格格不入，因此我們很少出售期權。在這裏，期權就好像伸出窗外要拖垮建築物的東西，它和我們的立體建構背道而馳，這也是我們很少利用期權的原因。

你現在所冒的風險是不是比基金規模還小的時候大？

不對。我們現在所承受的風險小多了，草創當初，我們把槓桿原理發揮到極致。

不知你所指為何？以一億美元而論，你當時的平均貸款額是多少？

這是一個沒有意義的比喻，原因是以一億美元投資國庫券和用一億美元投資三〇年期債券的風險因素很不相同。我們總是設法使事情簡單化，因爲我們無法預估其風險，操作衍生性金融商品的人有很複雜的風險計算方式。相形之下，我們只是玩票性質，我們還處在投資的「石器時代」，我們故意這麼做。

過去二〇年來，計算投資組合風險的方法有了長足的進步，為什麼你不採用這些科學的量化方法？

原因在於我們不相信這些方法。一般而言，這些方法是基於效率市場理論來假設，這種理論和我提出的「不周延理解及反射理論」互相衝突。我想這些方法百分之九十九的時候有效，只有百分之一的時間行不通，但我更關心的是這個百分之一。這些理論一般是根據一個連續市場做假設，根本無法涵蓋我使用的系統風險。我最感興趣的操作方式並不連貫，所以他們的計算方式對我沒什麼用處。

我們總是設法使事情變得簡單，而不是愈搞愈複雜。舉例而言，在處理利率時，我們會把所有有關項目換算成相當於三〇年期的債券，比如把國庫券換算成相當於三〇年期的債券。我們把資金規劃成三個主軸投資，包括股票、利率和貨幣，風險則爲正一〇〇%和負一〇〇%之間。但這些投資的風險互相彌補，因此我們很少把資本集中在一個投資主軸上冒風險。

我們偶爾也會加入第四個投資主軸，即建立商品期貨部位，最近更增加了第五項，我設立了一個「量子工業控股」基金，這個基金主要目的在投資工業，成爲基業的東主或股東，這個量子工業控股基金保留二成的資產進行和量子基金同樣性質的投資。事實上，這兩成的資產已經有足夠的抵押價值或購買力，可以涵蓋整個基金的宏觀結構。其餘八成資產則供投資工業之用。但完全未經動用的資金——即原來供投資工業之用，但事實上分毫未動的資金——則暫時投資在量子集團的股票上。

這是一個簇新的操作概念，日後可能會比起量子基金更有效率地運用資金。

槓桿原理很顯然是成功的關鍵。假如你當初不應用槓桿原理，一千美元的投資能夠累積成多少錢呢？換言之，過去多年來量子基金的利潤中，到底有多少是拜槓桿原理所賜的？

這也是一個我無法回答的問題，因爲假如我們沒有運用槓桿原理，量子基金的表現可能和現在大不相同，假如不能運用槓桿原理，量子基金也就不會做那樣的投資。比起平面的投資組合，槓桿原理可以讓我們有較大的發揮彈性。對債券基金經理人來說，假如其對利率長期看漲，他們可以把投資組合的期限延長至十五年，假如對利率看跌，他們也可以把平均期限降至很短，如此一來就有很大的迴旋空間。行情看跌時，我們可以買空，但假如行情看好時，我們也不必購入長期票券，而可以充分應用槓桿原理購入短期票券。

這樣會比較有效嗎？

有可能。我可以最近發生的一件事爲例，一九九五年年初，假如你像我們一樣對利率看好，換言之，假如你認爲聯邦準備委員會將停止收緊貨幣供應，你就可以在短期票券上大有斬獲，但在長期票券方面，獲利就會比較差，原因是短期的表現比長期的好很多。

那是因為收益率曲線改變了。

正是如此。有時我們也來一點所謂「收益率曲線」交易，就像許多想降低風險的專業業者一樣，用長期和短期的票券對沖。但我們並不常做這種「收益率曲線」交易，原因是我們通常只對利率的一般走勢有把握，而在債券市場上運作，只是錦上添花的技巧而已，不過的確有專業人士只進行不同期限票券的對沖交易。

有人對基金經理人何以成功做了不少分析，結果發現投資組合的盈虧，約有八成是由資產規劃決定的，對股票的選擇和其他因素只能決定二成左右，你對資產規劃有什麼看法嗎？

沒有什麼特別看法。不過我想你說得對，因爲我們的投資是「宏觀投資」，宏觀投資相當於三度空間的資產規劃。宏觀投資的效率較高，原因在於平面的投資組合中，某一投資概念只能分配到一部分資本，但以我們的投資規劃卻可以分配到超過百分之百的資產。

量子基金還有其他獨到的成功因素嗎？

比起其他基金經理人，我們和投資人有著一種比較不同的默契。我們的基金注重績效，我們所得到的報酬和投資的利潤成正比，而不是依管理的金錢數額多寡而定。大部分基金經理人總是儘量募集資金，然後以相當負責的方式經營，以免投資者失望而打退堂鼓。換言之，他們總設法把基金的規模弄得愈大愈好，如此得到的報酬也會隨著經營的金錢數額增加；我們則設法把基金的利潤提到最高，原因是利潤的一部分歸我們所有，而且這些利潤是以絕對值計算，而不是根據某些指數計算的。

我們與其他基金之間還有另一個重大差別：我們也把自己的錢投資在基金內，

所以我也是基金的主要股東之一。由於我們把靠表現得來的報酬繼續投資在基金之內，只要基金存在的時間愈長且愈成功，經理人所占的基金單位就愈大。換言之，我們不但和客戶同安樂，也和他們共患難，股東和經理人之間的利益是一致的。我們和投資者之間的默契是，他們坐車，我們開車，但雙方要去的是同一個目的地，這種默契是伙伴性質的默契，而非託管責任的契約。當然，我們也同時履行我們的託管責任。

量子基金有何異於其他基金的特點？現在有不少基金在仿傚你，但你始終都是一位先驅人物。

目前並沒有任何一個基金和我們完全一模一樣的，時下有一批所謂對沖基金，但事實上對沖基金涵蓋的業務範圍很廣，我深深覺得全用一個標準來衡量所有的對沖基金是不對的。首先，有許多對沖基金不使用宏觀投資方法，而或許他們也使用宏觀投資法，但應用的方式卻和我們不同；也有部位對沖基金只使用宏觀投資工具，但並不投資個別股票。在我們立體結構的投資策略下，訂有不同層次的決策，量子基金所採取的宏觀決策可說是是一種布局，在布局之內，我們做成買入或出售股票以及使用何種金融工具的決定。一般而言，只要能夠使用宏觀工具實行宏觀的投資策略，我們都不會透過其他特殊的投資實行。

這話怎麼說？

舉例來說，假如某一股票基金看好債券，該基金很可能就會去買進公共事業發行的債券，但我們絕不這樣做。我們會去買公共事業股，但純將只因對公共事業股感興趣才買，否則我們只會買債券，因爲這才是比較直截了當的投資。

你剛才提到目前有一批宏觀的對沖基金，量子基金有什麼特點，使它和其他宏觀基金不一樣？

這些特點比較具個人風格，這也是個人態度和作風發生作用的地方。

可否說明一下你的投資風格？

我的特長是我沒有特定的投資作風，或者說得更清楚一點，我往往改變我的作風以遷就環境。如果你觀察量子基金的歷史就可以發現，量子基金的投資策略一直不斷在改變。在基金成立的前十年，宏觀工具幾乎完全不被排除在外。此後，宏觀投資就成了我們的投資主調，甚至到最近又開始投資工業資產。應該這麼說：我並不按照既定的原則行事，但卻留意遊戲規則的改變。

你說過直覺是你投資成功的主因之一，現在來談談直覺這個問題。你所謂的以直覺作為投資工具，意義為何？

我從假設入手，對於日後可能發生的事，首先建立一套構想，再一一從現實中求證，以建立一套用以衡量這些假說的準則。

這牽涉到直覺，但我不覺得直覺的作用那麼大，原因在於我也運用理論架構。我着手投資時，總會選擇可以納入這個理論架構內的方式。我留意不平衡的情況，因為這種不平衡的狀況使我亢奮，而無法解決。因此我做的決定，其中有理論成分，也有本能在裏頭，你也可以說這就是直覺。

人們總認為投資經理人是既有想像力也有分析能力的人物，假如你把所有的技巧都納在這兩種動力之下，你認為想像力和分析力之間，何者才是你的真正長處？

我想我的分析能力相當不足，但批判思考方面卻很強。我並非專業的股市分析師，我寧可自稱爲一位專門分析不安全的分析家。

這種說法很唬人，不知是什麼意思？

我知道自己可能會出錯的心態讓我缺乏安全感，缺乏安全感使我隨時處於備戰狀態，因而隨時提高警覺以應對錯誤。我在兩個層面上實行這一點，在抽象層面，我把可能出錯的這種信念納入一套複雜的哲學系統基礎之內；在個人層面，我是一個很挑剔的人，不斷在自己和別人身上找缺點。但話說回來，我雖然挑剔，卻也是一個講恕道的人。假如我不能原諒自己，就無法察覺自己的錯誤；對別人來說，錯誤帶來恥辱，但對我來說，察覺自己的錯誤是一件足以自豪的事。

只要我們明白，人生於世，理解不盡周延是常態，就不會把錯誤引以爲恥，但聞過而不改卻是一件值得羞恥的事。

你說過在察覺自己的錯誤方面，別人趕不上你快，看來這是投資人所必須具備的條件之一。你如何察覺自己出了錯？

我是一個運用投資假設的人，我留意觀察事情的進展是否符合預期，假如不合，我就知道自己走錯了路。但有時有些事情會出軌一下子，隨後又重新走回正軌。

你如何判斷這件事是否真的出岔或只是暫時出軌？我想要處理這種問題的人得有點天分。

假如我的預期和事情的實際進展情況有出入，我也不會馬上拋棄手上的股票。我會反覆研究這些假設，設法找出錯誤並調整想法，或許我會發現有些外力作祟，但結果是我可能增加持股，而非拋棄手上的持股。但肯定的是我不會坐視不理，而是仔細研究。在一般情形下，我不輕易改變想法以遷就改變了的局勢，但我也不敢輕言完全不會。

你談過所謂「違波逆流之樂」，你憑什麼判斷是不是已經到了「揭竿而起」的時機了？

作爲一個挑剔的人，人們往往視我爲一個愛抬槓的人，但我選擇「逆流而上」時，往往都是經過一番評估的，因爲潮流很容易反過來把我淹沒了。根據我「始於自助，終於自敗」的潮流理論，潮流大部分時間都是一股助力，不過追隨者到了潮流發生轉折或改變時就會受到傷害。大部分時間我追隨潮流，但我自始至終都了解自己也是「衆生」之一，也有可能受到傷害，因此我隨時留意轉折的出現。

現在最當令的說法是市場總是對的，我的立場剛好相反。我假定市場往往都是錯的，即使我的假設確實有誤，我也會利用這些假定作爲所謂作業假設。我們不敢說人人都應該對抗潮流，相反地，潮流大部分時間都能主導大局，但若偶而出現缺失，整個市場反而懵然不知。我走在指數曲線的前面，小心留意潮流快要走不下去的徵兆，然後和其他隨波逐流者分道揚鑣，再尋找新的投資主意。有時，我覺得潮流走過了頭時，就會考慮逆流而走，但只有在轉折出現時，才會得到好處。

你說過，除了不隨波逐流外，你的另一技巧是置身於整個過程之外，這是什麼意思？你如何置身事外？

我一直未涉入其中。我以一個思考者的角度參與，思考的意思就是置身在思考對象之外。這對我來說很容易，因爲我有抽象思考的頭腦，也喜歡超然地看事物，包括看我自己。

你的自制和超然態度是出了名的，你覺得這是基金經理人的必要條件嗎？

立場超然是必要條件，但自制力卻不是。虧錢我會心疼，贏了會覺得高興，壓抑感覺是最嚴重的自殘。一個人了解自己的感覺後，未必有必要在衆人面前攤開自己的感受，但有時候，特別是壓力大的時候，如果壓抑情緒，壓力就會變得更難承受。記得我初出道時，有一次我的個人戶頭幾乎完全被虧空，但我還得若無其事地繼續工作。那壓力簡直教我窒息，午飯後我幾乎沒有勇氣返回辦公室。所以日後我總鼓勵一起共事的人把煩惱講出來，只要他們願意承認出了問題，我會支持他們。

以你目前的經營方式而論，不論是從組織內或從外面找基金經理人，重要的一點是要找到好人。你認為具有什麼特點的人，才比較可能同時以你所信賴的基金經理人及你的屬下的雙重身分在投資界成功？

你一定覺得納悶，我認爲最重要的是人品，只有那些我可以信任的人才會成爲我的工作伙伴。有些人很會賺錢，但未必值得信任，自然也就不是我挑選的對象。麥可・米肯（Michael Milken）停業時，垃圾債券投資方面出現眞空狀態，我很想乘虛而入，因爲那是個很賺錢的生意。我面試了許多曾經在米肯工作過的人，看看他們是否可以勝任基金經理人或成爲工作伙伴。不過，我覺得他們的態度有點不道德，但這可能是垃圾債券交易（這一點和投資銀行業不同）的通病之一。他們積極進取、有能力又聰明，但他們這種不道德的態度只會教借錢給他們的人更加小心。我當然不願意借錢給他們，總覺得不放心。

有人曾問過J．P．摩根的兒子會借錢給怎樣的人，他認為最重要的是看這個人的操守。他說：「假如我不信任一個人，我一分錢也不會借給他，就算他可以用整個文明世界作抵押也不借。」

我沒他那麼嚴格，而且我也不是從事借貸業務的。

投資顯然要冒很大的風險。現在讓我們談談這種不道德的態度和負責、進取但包含高風險手法兩者之間的區別。

這有什麼好說的？冒風險是一件痛苦的事，不論是要自己承擔或是轉嫁給別人。從事高風險生意的人，假如不能承擔後果，就稱不上是好人。

你覺得要具備什麼條件才稱得上是優秀的投資人？需不需要很聰明？聰慧對造就一個優秀的投資人有什麼幫助？

同樣聰明的人操作可能不一樣。其中有些人會冒險，但從不會過頭；有些則難免衝過了頭，很難事先防範，但我不希望幫我做事的人冒險過了頭。

你希望別人冒險嗎？

我偶爾也會冒險，畢竟我賭的是一生累積起來的所有財富，但我不願意別人拿我的錢去冒險。我曾經有一個很能幹的貨幣交易員，竟然在我不知情的情況下進行了一回風險很大的貨幣交易。事後這筆交易賺了很多錢，但我馬上請他走路，和他結束賓主關係。我記得有人曾向我提出這樣的警告：假如有什麼讓人出乎意料的虧損，除了責怪自己，誰都不能怪罪。

有人認為，在這個行業裏頭，要找絕頂聰明的人絕對不成問題，但最聰明的人往往不是最成功的投資人。

我希望這種想法出錯。

這教我想起你曾在早期的著作及訪談中提過的一件事，那就是你對自己的看法。你說過你有一種救世主彌賽亞的情結，你確實努力使自己所做的一切都成功，這是你成功的原因嗎？或者不是因為你的性格聰慧，或其他不為我們所知的因素，而是由於你對冒險的看法，比方某種無所畏懼的性情等？

在做投資時我肯定不覺得自己是救世主，而只在花我賺來的錢的時候才會有點救世主幻想。賺錢的時候我不會做這樣的白日夢，事實上我一向抑制自己的幻想，我覺得賺錢沒有什麼救世不救世的。冒險則是另一回事，冒險是有目的的。在危險中最能凝神竭慮，因爲它可以刺激我腦筋清醒，是我思考能力的動力，對我來說，冒風險是幫助腦筋清醒的重要條件之一。

你究竟是從遊戲本身還是遊戲所帶來的危險中得到刺激？

危險，危險可以刺激我。但千萬不要誤解，其實我並不喜歡危險，我努力規避危險，但危險確實使我朝氣勃勃。

何以你老是佔上風？

我曾經說過，不論什麼投資主意，我都設法找出它的缺點，找到缺點，我就安心了。相反地，假如只看到好的一面，我就會擔心。但也不要誤解，我不會就此因噎廢食，因爲找不到該投資案的缺點就放棄它，只是我會隨時留心。另一方面，我對市場不願意接受的投資概念，特別感興趣，原因是這些概念往往最強而有力。你不妨謹記，「市場之所以攀升，靠的是擋在前面的顧慮」這說法。

你覺得批判性思考很重要，是否還有其他重要因素？

投資最讓人讚歎的地方是，同樣一件事情，竟然有許多不同的做法。我們可以被稱爲動能投資人，但也有混得不錯的所謂價值投資人。價值投資人在我們這裏通常不會有什麼發展。查特基是我的投資顧問之一，我有一次和他一起經歷了一件頗有趣的事，把科技公司視爲資產豐富的企業，這些資產也包括客戶在內。他認爲，假如某家公司的客戶很多，則即使該公司經營不善，也沒生產什麼產品，這家公司還是很有價值的：他覺得只要略施小技，這價值就會顯露出來，事實證明這種想法果然是對的。

舉個例來說，他買進不少帕拉迪恩公司的股票。事後我曾和他一起到那家公司看看，結果發現這家公司的問題很多。離開時，我很失望、很後悔我們竟然持有那麼多該公司的股票，不知如何脫身是好。但幾個禮拜之後，美國電報電話公司（AT&T）竟然以我們付出價錢兩倍的代價收購了這家公司。查特基對客戶價值的看法果然沒錯，但他對企業的看法和我的想法格格不入。

再舉一個例子。曾有一段時間的市場波動起伏很大，當時初出茅蘆的我非常堅持在做任何投資之前必須先拿定主意，但要爲市場趨勢找到合理的解釋很費時間，所以有時在我建構出一套理論架構之前，市場趨勢早已轉向了。假如這種情形不斷發生，後果簡直不堪設想。我有本事像鷹一樣摶扶搖而直上，但龍游淺水就非我所擅長了。

一九八○年代初期，有一段時間可說是水不揚波，只有一點漣漪。我找到一位商品基金經理人，名叫維多・內達荷法，他研究出一套在風平浪靜時賺錢的辦法。維多・內達荷法對「隨機漫步理論」很有研究，他把市場視爲一個賭場，在市場上一般人的行爲有如賭客，因此，想要了解他們，可以從賭徒身上看出端倪。舉例言之，賭客的行爲星期一和星期五不同，早上也和下午不一樣。內達荷法就靠這樣的理論經常賺點小錢，積少成多。我把錢交給他處理，他總能賺回不少錢，但這種手法有一個弱點，就是只能在市場看不到大趨勢的時候發揮作用，假如出現歷史性的大潮流，這種由賭徒行爲引起的漣漪就會立即消失，內達荷法即很可能吃大虧，因爲這種手法缺乏萬全的應變之策。我會提起內達荷法，是因爲他的作風和我完全相反，但有時卻剛好抓住契機。從他身上我學會了包容，我願意任用作風完全不同的人，只要他們的人品可靠就可以了。

後來內達荷法怎樣了？

市場全無方向時，他賺了不少錢，但不久就開始虧錢了，不過，他倒是滿有品的，他把手上的投資做個清算，結果我們還是頗有賺頭。能像他這樣做的交易員，可謂絕無僅有。

內達荷法的近況如何？

他現在很好。

你現在還有錢在他那邊嗎？

沒有。

你面試應徵新人時，還會注意哪些方面？

對人我看不準，但我很會看股票，我對歷史的研判也還可以。看人方面，我的確很糟糕，所以出過不少差錯。整整花了五年時間，經歷過不少痛苦的經驗才湊合出一支理想的經理隊伍。眼看隊伍逐漸形成氣候，讓我感到很高興，但我在挑選人才上的確沒有比做投資來得高明。

我覺得我是一個很好的資深合夥人、很好的老闆，原因是我很能理解基金經理人遭遇的困難。當他們遇到麻煩時，我很支持他們，這也是公司內部氣氛融洽的原因之一，但我眞的不擅於挑選人材。

你的能力到底有多少來自挑選市場的經驗而非投資實戰的實驗？

很難說。有時我專注於某一種股票，但有時卻挑選市場，甚至市場的某一部分。我不是說過了嗎，我並不按照一定的牌理出牌，我注意的是遊戲規則的變化。

假如你注意的是遊戲規則的變化，則你的投資生涯中一定會有某些關鍵時刻；但假如你一直都很專注於工作，你根本不會察覺到這些時刻的來臨。我和你之間的主要分別之一就是，你好像很能掌握這些關鍵時刻。

我出道之初，在倫敦證券交易所對面一家交易商擔任助理。我的老闆波格茨是一個一絲不苟的人，他每天上班時，總是把鉛筆削得很尖。他對我說，假如沒有生意，你上班時鉛筆有多尖，下班時也應該同樣尖。他這番話我一直沒有忘記。

一般而言，管理投資組合與一般性的工作，是兩碼子事：工作量和成功恰好成反比。例如，假如你從事的是一般性的工作，像推銷員或工匠之類，你的成就和你的工作量成正比：你愈努力工作，所生產的產品就愈多；你和客戶接觸愈多，才愈有可能接到更多訂單，這就是所謂正比。但假如從事的是冒風險的工作，只要看得準，眼光夠好，你根本不必很勤奮地工作。不過，假如你出錯，或者你的假設和現實不符，那就要切切實實認眞研究究竟哪裏出錯。換言之，愈是不成功，就愈要花時間糾正錯誤。也就是說如果投資組合的表現不俗，你就不怎麼需要工作，這就是所謂「反比」。

真的是這樣嗎？你是不是在自欺欺人？有時，假如一切順利，那就是所謂禍之將至的時候了。一切順利時不正是要多花工夫預作準備，以便應付接踵而來的各種狀況嗎？

當然，理應如此。但我不喜歡工作，我只做下決定前起碼所需的工作。有些人很喜歡工作，蒐集了成篇累牘的資料，但其實對做成結論不一定派得上用場。於是他們就抱緊某類投資標的不放，原因是他們只對這些投資項目瞭如指掌。而我就不同。我只把注意力集中在重點上，假如非工作不可，我會狠狠地做，我發狠的原因是「我竟然要工作」。假如不必工作，我就不做，這是我的作風的重要特色之一。

假如能事先料到會出錯，我會提高警覺心，但現實並不能盡如人意。必須面對事實的是，個別投資經理人的表現總是有起有落，假如他們走對了路子，他們會幹得很好，然後變得趾高氣揚，最後終於自食其果。連我也難以倖免。我也常有這種經驗：事情一開始很順利，讓我漸漸地鬆了心防，於是錯誤就尾隨而至。時勢瞬息萬變，假如不能駕馭局勢，就會反過來被局勢淹沒，所以任何人都不能把戒慎恐懼的防備心理拋諸腦後。根據經驗告訴我的，在一般情形下，我充其量也只不過能把損失控制在二〇%以內。假如回顧我的表現，我發現很多時候我的損失超過二〇%時，我就馬上開始糾正錯誤，最後終於能夠在年底以積極戰果收場。

你有沒有一套減少損失的正式程序？

完全沒有。假如出了錯，而我知道問題所在，那就表示我的想法是對的，損害完全是外來的；而這種情形下，我只會再擴充我的投資部位，而非拋售，我需要知道爲何我會虧錢。

你怎樣知道事情出了岔子？

事情出了亂子我會覺得痛，我很相信自己的動物本能。在我直接管理基金時，常常會覺得背痛，只要我一開始痛，我就知道自己的投資組合出了問題。背痛並不能告訴我什麼地方出錯，比方痛的地方接近腰部就是買超出了問題，或左肩痛就是貨幣方面有麻煩等。但痛楚會促使我看看什麼地方出了毛病，假如我不痛，我就不會這樣做。但這不是管理投資的科學方法。

但是你現在已經不直接管理基金了。

假如我還在管理基金，現在可能沒有時間和你詳談。過去有一段時期我幾乎完全獨力管理基金，當時我不但是船長，也是把煤送進爐子的火伕，情形有如我在船舷上敲鐘，然後下令「向左轉」，接著馬上跑回機房執行自己發出的命令。在下達命令和執行命令中間的空檔，我會做點分析，看看買進那一種股票。如今這些日子已經成爲往事，現在我已有了一個組織，甚至連船長也拱手讓人，我只是一個處理策略問題的董事長。

是不是表示你現在只是船上一名乘客？

不僅如此，我更像是一名船東。

你會不會偶爾跑進駕馭艙接手操縱？

我會去看看船長，但我從不插手，原因是船長的責任很重，假如我干擾他的工作，損害會很大。

你從什麼時候開始停止直接管理投資？

那是一九八九年的事，當時我很投入那場在東歐發生的巨變，根本無法每天處理日常業務。我無法長期地一心二用，所以把投資的事務交給以杜魯肯米勒爲首的一群年輕人。

不過一般人總認為一九九二年你們投資英鎊賺了十億美元，都是你的功勞，事實上，當時你已經讓杜魯肯米勒接掌大局了，他也有功勞嗎？

他有功勞，而我也從不居功，那次的成功我的確曾參與，不過身分比較像是教練。我跟他說，這是千載難逢的機會，而且風險／報酬比例也相當有利，我們應該比平常更擴大行動的規模。結果他接受了我的建議。

這是不是說當時量子基金應用槓桿原理的程度由你來決定，但拋空英鎊卻是他的主意。

是的，他和我商量，但決定是他作的。

可不可以這麼說，假如不是得到你的鼓勵，他絕對不會把槓桿原則應用到這種程度？你可曾要他儘量放手一搏？

我建議他行事要對準要害，也許即使我不建議他也會這樣做。事實上，我們也沒有那麼拚，原因是當時我們只是把所擁有的普通股拿來冒風險，頂多比那些再多一點，其實當時我們可以拿比普通股再多幾倍的資產來冒風險。

這是你一生中的重大戰果之一。過去多年來，量子基金對貨幣走勢的評斷也有不盡靈光之處，你在這方面的功過如何？

和拋空英鎊時的搭檔狀況一樣。在一九九四年，我們二人對日圓的判斷錯誤，但外界誇大了那次損失，有人說我們虧了十億美元，事實並不正確，在二月時我們的損失只有六億美元，但在年底之前就已彌補過來。那一年的確是多事之秋。我參與了整個思考過程，並且從中找出錯誤。當時我們把注意力集中在美國和日本之間的貿易問題發展，卻忽略了當時日圓強勢的一個基本原因。

你現在主要是在東歐主持基金會的活動，待在紐約的時間已不如以往多。

我現在花在東歐的時間也比過去五年少很多了。

你不在紐約時，還經常和紐約的公司接觸洽談業務嗎？

假如電話方便，我每天都和公司聯絡。

和史坦通電話嗎？

是的，也和別的人通話。

史坦會徵求你的意見嗎？

他現在負責經營基金，而我並不插手。以一個四十歲的人來說，他在很方多面比我在四十歲時高明。

這是量子基金繼續成功的主因嗎？

這只是部分原因。史坦很公平、很開明，所以他可以吸引不少人才到公司來。量子基金的聲譽提高了，特別是在英鎊危機之後。我們網羅了最優秀的年輕人，所以現在公司的經營比以往更有深度，這可說是過去所望塵莫及的。

第二章　大師的鍛鍊過程

名師出高徒，讓我們談談影響過你的人。令尊對你和你的思想有很深的影響，談談他對你有什麼影響，他的哪些性格特質對你特別重要。

我想影響不但來自我父親，也來自我母親，他們對我的影響力各有不同。我很愛他們，但他們是二種不同性格的人，所以他們之間的關係有點緊張。我愛我父母，所以把他們的人格和他們之間的張力都內化成爲我的性格的一部分，但這種張力是我生命中一股很重要的動力。我常把內心裏的這二個人像演戲一樣演出來，結果往往幫助我去發現別人不同的觀點。

父親教我應世之道，但母親卻教我如何內省。對於父親各方面的做法，我幾乎都同意，唯一例外的是他對待母親的方式。我用父親的觀點處世，但我的天性和母親比較接近。我父親很外向、愛交際，而且對他的命運有一種由衷的關注；他喜歡逗別人自我剖白，但他卻不喜歡以內心的感覺示人。也許他並不願意面對他的內心感覺，所以他才對別人感興趣。

父親喜歡點到為止，母親卻總往深處鑽研。她對自己的要求很嚴格，幾乎到了自我鞭撻的地步。她有宗教和神秘經驗方面的傾向，而我沒有；但她對存在的奧秘感興趣，這一點我倒和她很相似。母親深愛著父親，所以全盤接受父親對所有事情的判斷，即使這些判斷違背她的性格，她也同樣接受，結果造成她內心的一些衝突。當時在匈牙利社會，反猶太人運動盛行，她為此深感難過；二次大戰初期，她罹患胃潰瘍；她也為了沒有事業而覺得自卑。從某種意義上來說，她是她自己最大的敵人。由於我承繼了她的人格，所以必須努力壓抑這種自憐自艾的傾向。有時我覺得自己之所以是個大贏家，是因為我壓抑住內心裏「大輸家」的傾向。一九八二年有一段時間我的內心波濤洶湧，這使我聯想到了我父母間的性格衝突，也解決了承襲自母親的一些苦悶；我把這些苦悶在陽光下攤開來，這些苦悶馬上就煙消雲散了。

何以你和令尊令堂那麼接近？

我母親注重親密關係，這一點我和她很相似。我父親則是一個不平凡的人，我把他視爲偶像，我知道這可能只是我個人的看法，但即使現在到了這把年紀，我仍然覺得父親是一個不平凡的人。小時候，他花很多時間陪我，他常在放學時來接我，然後帶我一道去游泳。游完泳，他就會講一點他的過去，當時的我就好像看肥皀劇一樣，一點一滴記在心頭，他的人生經驗也成了我人生經驗的一部分。

可不可以透露一點這齣肥皂劇的劇情？

他踏入社會之初滿懷憧憬。第一次世界大戰時，自願服役並升上少尉，在俄羅斯戰場被俘後，被送往西伯利亞。但他依然滿懷雄心壯志，編輯了一份名爲「木板」的報紙，他將手寫的報紙釘在木板上，再請各篇文章的作者躲在木板後偷聽讀者的評論。我記得我小時候還看過他從西伯利亞帶回來的「木板」合訂本。他在西伯利亞被選爲「戰俘代表」，當時父親所在營區鄰近的一個戰俘營有戰俘逃跑，該戰俘營的代表就成了代罪羔羊遭到處決。他認爲，與其被人波及而遭到槍決，不如自己逃亡爲妙。他遂找了三十幾個人，每個人都各懷有特殊技能，包括木匠、伙伕、醫生等，集體逃出戰俘營。

他的逃亡計畫是製作一艘木筏，再順流流出大海。但他卻犯了一個大錯，由於他的地理知識並不豐富，不知道西伯利亞境內所有的河流都是注入北極海的。他建造的木筏沿著某條河順流而下，數星期後才發現他們將要流入北極海，所有的人都得從曠野一步一步花了好幾個月的時間才走回文明世界。但那時俄國革命爆發，戰事蔓延至他們所在的地方，一位藏身在裝甲火車列車內的捷克軍官，日後成了號令西伯利亞叱咤風雲的人物。當時俄羅斯的紅軍和白軍交戰，兩軍互相廝殺，也殺害平民，我的父親經歷了不少可怕的事，使他日後更珍惜生存的價值。

回到匈牙利以後，他整個人都變了，再也沒有雄心壯志，更別談什麼出人頭地了，他只想享受人生，維持個人的自主獨立，他不要成爲富翁或有影響力的人。在我認識的人當中，他是唯一靠「老本」維生的人。他娶了家母，他靠這段婚姻，也靠發行一本世語雜誌賺來的錢爲我家購進一些房地產。他的職業是律師，但他只做最起碼的工作。我記得小時候他要我找他的主顧客借錢，然後就帶我去滑雪度假。度假回來後，他總有好幾個星期脾氣很不好，因爲他得設法賺錢還債。戰爭期間，他開始變賣房產，到了德軍占領前，我們幾乎已經把所有房地產賣光了。但事實上他的眼光非常好，原因是德軍占領時，我們根本就沒有辦法保住原有的房地產，他的「反投資」時機選得非常好。不過，的確少人有勇氣靠「老本」爲生。我父親常說：「我的老本在我腦袋裏面。」在拉丁文裏，「本錢」二字本來就是「頭」的意思。我很欣賞他的態度。他的事業和我的事業眞是一個很強烈的對比，我這個人也絕不會成爲財富的奴隸，因此我可以說是用一種頗有趣的方式在仿效他。

你說過你父親對納粹德國入侵匈牙利的應變之道對你影響至深，可否解釋一下？

德軍在一九四四年三月占領匈牙利，那時我還未滿十四歲。德軍占領是我父親最得意的時期之一，原因是他懂得應付局面，他對當時形勢很了解，他曉得在德軍占領期間，平常的規矩已經瓦解，以當時的情形而論，守法已經成了一種危險的陋習：要生存，就得違法。他經歷過俄國革命，因此懂得如何應付，他設法爲全家弄來僞造的身分證明文件，也找到讓我們生活和藏身的地點。他不但照顧家人，也幫了不少他周圍的人。事實上，他的確救了好幾十人的性命。德軍占領期間是他律師生涯中最忙的時期，有一段時期，我們居住在一間很特別的房子裏，進出都得先經過洗手間，當時常常有人在洗手間排隊請他幫忙。

那段時期可說是相當驚險刺激，現在談起來記憶猶新，因爲它已經深刻地鐫刻在我的記憶中，只是我很少提起它而已。最弔詭但也最重要的一點是，一九四四年是我一生中最快樂的時間。這說法有點奇怪，也教很多人不敢苟同，原因是一九四四年是納粹德國對猶太人進行大屠殺的一年，但這是眞心話。當時我只有十四歲，我有一個我敬愛的父親，他事事胸有成竹，不但知道應該如何行事，也幫助別人。當時的局勢很危險，但我卻深信自己可以倖免。一個十四歲的孩子總以爲自己是刀槍不入的。對一個只有十四歲的人來說，還有什麼比得上當時的局面更緊張刺激，此事對我的成長頗有影響，原因是我從一位大師身上學會求生之道，這一點與我的投資事業也有些關聯。

我們一家安然度過戰爭，但俄國佬接著就來了。雖然仍有些驚險刺激的事情發生，但生活已逐漸歸於平淡了。在共產黨專政下，我覺得處處受限，也開始覺得父親對我的影響力太大了。我對他說：「要一個十五歲人的想法像一個五十歲的老頭子，這不是很自然的事。」

他問我：「你爲什麼不自己打算打算呢？你喜歡到哪一個國家？」

我說：「英國吧。」那時我們都收聽英國廣播公司的節目，英國人的公平競爭觀念和客觀報導帶給我很深刻的印象。我說：「也許也可以到蘇聯走一走，了解一下這個統治我們的新制度。」

父親說：「我去過蘇聯，可以告訴你那邊的情況。」

這就是我決定去英國的過程，但後來我才淸楚去英國其實是父親的決定，而不是我的決定。爲此，更讓我覺得父親値得我敬愛。他說他在英國有一位親戚，也許此人可以幫忙我入學，於是我寫信給這位親戚，但一直都沒有回音。後來父親對我說：「你何不每星期都寄一張明信片提醒他一下。」我照他的建議做，果然有了回音，還附了入學通知，接著我開始申請護照。當時申請護照是一件很困難的事，每過一個星期，等候發照的日期就往後延一個星期，似乎要無止境地等待。父親說：「你去投訴，要求他們讓你見負責此事的官員。」我照著他的建議去做，結果卻成了發照部門最不受歡迎的人之一。當時我哥哥廿一歲，比我大四歲，他有一位在政治警察單位做事的同學，他遂請這位同學拿著我的申請書到每一個有關部門辦手續，但他也處處碰壁。護照部門主管對他說：「我簽發護照給誰都可以，就是不要給那個一天到晚投訴的討厭鬼。」但最後我還是拿到我的護照。

十七歲出國後，父親對我就沒有什麼直接的影響了。

你離開匈牙利之前有過一些痛苦的經驗，這些經驗對你有什麼影響？

這些經驗其實並不痛苦。我察覺到危險，但我並不覺得自己脆弱。我知道我們周圍的人在受苦，但我們都盡力幫助他們。舉一個例子來說，當時我們得排隊配給香菸，每人只配給五根，我們領了香菸後就去分送給那些被當局限制不能離家的猶太人。我首次身心受創的經驗可能是布達佩斯的圍城結束之後，當時滿地死屍，其中一具屍體顱骨都被打碎了，我看了之後，好幾天都覺得不舒服。

據說令堂被逮到警察局，結果把那些警察們騙得死死的，你母親膽子一定很大。可否說說當時的情形？

當時她獨自一人住在一間周末度假村屋裡，鄰居就開始生疑，並向警方告密。警方盤問她時，她很冷靜，神態怡然自得，超然於局外。據她說，她當時就像從天花板冷眼旁觀整個過程的人一樣置身事外，因此她可以操縱自己，不致露出什麼破綻。但事情結束後，她才知道事態嚴重，才開始感到害怕發抖。逃到布達佩斯後，家父讓母親在一家旅舍安頓下來，我記得我當時還有點不耐煩地叫她冷靜下來。

和令尊相比，你從令堂身上學到些什麼教訓？

這很難講。我想我的分析能力和自我批判能力來自家母，但我得到的經驗教訓，主要來自於父親。一般而言，在那段日子裡，我父親的判斷都是對的，而母親的任何異議卻都總是錯的。這不是我的偏見，因爲連我的母親也這麼認爲，也許這一點可以給你一點概念。

你過去常回去匈牙利嗎？

沒有，我根本不能回去。我和家人各處一方，而且好像永遠沒有團聚一堂的機會了。我在一九四七年拿到護照後，就離開匈牙利動身前往瑞士參加一次世界語言會議，原因是我父親是一位世界語言專家。當時離開匈牙利要有蘇聯簽發的出境許可，我卻沒有拿到這種許可。參加瑞士世界語會議的人拿的是團體出境許可，但因我的護照拖了很久才發下來，匈牙利代表團卻早已出發，我只好等拿到護照才走。護照發下來後，我馬上坐火車出發，幸好出境時他們沒有要我拿出出境許可，所以我才能順利出境。我在瑞士和父親會合後，他卻跑回匈牙利去了。我獨自一人留在瑞士首都伯爾尼等我的英國入境簽證。當時不曉得要等多久，身上只有父親交給我的幾百瑞士法郎，只好省吃儉用。二星期之後，簽證下來了，於是我馬上動身前往英國，此後父親就對我沒什麼影響力了，不過到英國以後，他總會設法寄點錢給我。他和母親在一九五六年從匈牙利出來，我們一家人就在這裡重聚一堂。

他什麼時候去世的？

一九六八年，去世時已經七十五歲了。

你母親呢？

母親在一九八九年過世。在父親去世後她開始學著獨立，六十歲還上大學，到她八十六歲去世前，仍在一直不斷成長。

還有其他對你有影響的人嗎？你哥哥對你有影響嗎？

我哥哥是第一個讓我了解什麼是不公平的人。他比我年長四歲，常打我、嘲笑我，但父母並不特別護著我，我曾向父母數落大哥的種種，但結果總是不了了之。後來在我廿四歲那年和哥哥再度碰頭，感情從此變得很好。

你哥哥和你的投資生意完全沒有關係，對不對？他也有他的事業嗎？

他是家裡眞正有才華的人。他三〇歲那年就在他的住家地下室開設一家工程公司，大幅改良港口處理散裝貨物的技術，而且只花了十五年時間就建立了世界首屈一指的企業。他得過不少工程創意獎，全世界三分之一處理散裝貨的設備都是他設計的。

一九六〇年代末期，集團公司有如雨後春筍般興起，我趁機把他的公司賣給奧格登公司。當時的談判過程還滿有趣的，我得到的價錢是他那家公司價值的一倍，原因是奧格登公司打算把他留在公司做活招牌，宣傳他的天才，以便拉高奧格登的股價。但正如聖經上說的一樣，我爲哥哥爭取到的只是兩盤豆子。因爲他們用股票付款，而我和該公司談判股價下挫保障時，也只能爭取到股票市場一半的保障，但結果奧格登的股價竟然下挫了四分之三。最後我哥哥把公司買回來，公司就恢復了原有的獨立經營地位。最近他又把公司轉手，現在我們很多方面都有合作。

還有別人對你有過影響嗎？

我肯定很多，但我不認為他們對我的影響力比得上我父母。

卡爾．波柏呢？他是你的老師，也是本世紀最偉大的哲學家之一，他對你有什麼影響？

影響我的是他的著作和思想，而不是他這個人。在個人層面，我和他關係很淺，在倫敦經濟學院他也不是我的正式老師。當時我只花了兩年時間就唸完三年的本科課程，但第三年仍必須註冊留在學校，否則無法拿到學位，不過學校卻允許我選擇導師。我選了他，原因是他的哲學很吸引我。我是一個曾經經歷納粹迫害和蘇聯占領統治的人，波柏的「開放社會及其敵人」一書很有醍醐灌頂的功效。該書說明了法西斯主義和共產主義其實有很多共通點，而且這兩種主義都反對開放社會這種社會組織原則。但波柏在科學方法方面的見解對我的影響更深。我寫了好幾篇文章給他看，我到他家裡拜訪時，他都對我鼓勵有加，不過我也只見過他二次。

之後，大概在一九六二年前後，我寫了一篇名爲「意識的負擔」的哲學論文，其中重點不外鋪陳他的學說。我把論文寄給他，得到他熱烈的回應，引發了我去拜訪他的想法。他約我在倫敦經濟學院會面，當時很多人在倫敦經濟學院等著見他，他們知道我和波柏有約都很不高興，原因是這些等他的人是他的學生，他們都希望得到波柏的親臨。而我卻好像是一個插隊的人，於是我跑出房門外，到電梯口等他。他一踏出電梯，我就上前自我介紹，他看了我一眼，接著就說：「原來你不是美國人！」我回答說：「不是。」他說：「那眞教人失望，讓我告訴你原因。接到你的論文時，我覺得終於找到一個明白我的開放社會和封閉社會學說的美國人了，也就是說，我以爲已經把我的信息廣爲傳播。但你已經歷過那麼多了，所以不能算數。我覺得失望。」

不過，波柏對我還是很支持，還鼓勵我繼續努力。此後我偶爾也和他碰碰面。他年紀愈大，我們碰面的機會就愈多。在他去世前的十年中，我和他建立了很深厚的關係，但那時他的影響力已逐漸走下坡了。他去世前不久，我們在布拉格有一次很感性的相聚。那是一九九四年六月，他要到中歐大學講演，此行他覺得甚爲痛快，因此還打算在九月到布達佩斯主持開學典禮，但還未成行就與世長辭了。這就是我和他的交往情形，可見影響我的不是他本人，而是他的思想。雖然我平日談起的主要是波柏，但其他若干思想家，如海耶克和懷海德等，也影響了我。

現在你經常碰到的權貴之士對你也有影響嗎？有一篇文章說過你有一天早上和一位總統共進早餐，同一天又和另一位總統共進晚餐。

過去五年來，我曾和歷史舞台上不少重要的角色碰面，這和我早年的生活眞是不可同日而語。過去我幾乎可說是離群索居，現在有很多大門則都對我開放。坦白說，我比較喜歡現在這樣，唯一的遺憾是我沒有那麼多時間和精力，因此無法多花一點時間和最近才遇到的一些人往來。這些人其實都不能說是有權力的人，但不可抹煞他們的重要性。

哪一位在你心中的印象特別突出？

物理學家沙卡洛夫，他是我見過的人當中最誠實的一個，他連謊都不會說。也許他的意見直指要害，但他確實是一位謙謙君子。他是追求眞理的典型科學家，所以得到很多人的敬重。他非常看重自己。在蘇聯首次比較自由的選舉中，他當選最高蘇維埃委員，而且還成爲人民陣線的領導人之一，但這結果反而害死了他，他在蘇聯國會累了一天後竟然心臟病發作去世。我覺得他有點含恨而終的味道，因爲他自認已經無法再有更多作爲了。

哈維有些缺點，但我也喜歡他。他出任總統之初，把政府變成了一個輕鬆但鼓舞人心的劇場。記得我拜訪他的那一天是一個國定假日，當時不知道誰發出總統府開放參觀的消息，聞風而至的人都得到盛情款待，宛如總統府的嘉賓。總統府高朋滿座，還在院子大宴賓客，座上客都有啤酒和香腸招待，那是我看過最熱鬧的場面。哈維解釋說，他故意把公告弄得語義含糊，否則總統府可能會被聞風而至的人踩平。

我在一九八八年初次和當時還在波蘭團結工會當工聯領袖的華勒沙政治顧問賈列梅會面，此後雖然常有接觸，卻不常碰面，但每次碰面都很值得懷念，我覺得我和他很接近。

在所有的政治人物中，我最接近的是雅夫林斯基，他是夏塔林方案的「設計師」。一九九〇年我帶往世界銀行會議的代表團團長就是雅夫林斯基，他扮演的角色完全是他自己從無到有一手締造的。他的想法和我非常接近，我們也有意見相左的地方，但日子久了，我對他一天比一天敬重，原因是他是一個可以奉獻性命給爲他的信念冒險的人。

在這一方面，我還有很多不同的境遇，我得到的報酬主要是我碰到不少有趣的人，而很多有趣的事我也能躬逢其盛。

我覺得你的投資哲學來自你個人的經歷，請談談你在這方面的背景。你什麼時候開始涉足商界？你的第一份工作是什麼？

我的第一份工作和金融完全無關。當時我受雇於一家精品生產商，職位是實習員。這家公司生產的是新穎廉價的飾物、紀念品和訂做的珠寶等。那時我大學剛畢業，很難找工作，我又是一個毫無背景的外國人，而這份工作也是靠一位在該公司工作的工讀生同窗介紹的。

你是推銷員，對嗎？

我當時的職稱是所謂業務實習員，但公司根本沒有什麼訓練課程，因此到最後我還是一名推銷員。而我跳槽到一位客戶所開的批發公司任職，向威爾斯海濱度假區的零售商推銷商品，那是我事業谷底之一，和我對自己的期許相距甚遠，而且工作也很辛苦。唯一的好處是我有一輛福特安格麗亞小轎車代步，當時這一型福特汽車是英國生產的福特轎車中最便宜的。我老闆交給我的第一個差事是向倫敦的菸草零售商推銷商品，但事實上這些零售商已自行組成了幾個批發集團，我根本無法打進他們的市場。另一方面，在倫敦也很難找到停車位，使我覺得處處受肘，不得其門而入。我被分發到威爾斯的時候，心情比較輕鬆一些，也終於做成幾件生意。但我始終覺得，十年寒窗的目的並不在此，我父母對我的期望也與此不符，於是我決定從頭來過。我寫信給倫敦各家證券銀行總裁，這種做法在當時可謂絕無僅有，原因是從來沒有人寫信給陌生人毛遂自薦的。

我也收到了回信，其中不乏頗有趣味的。其中有一位銀行家名叫華爾特・沙樂門，他要我去見他，他與我約談的唯一目的是要告訴我我把他的名字拼錯了。拉札德・佛雷斯公司也要我去面試，這次面試還滿有教育性的。這家公司的總裁告訴我，假如我想要在倫敦金融界謀生，這種做法可說是摸錯門路。他說：「我們這裡實行的一套名叫『聰慧裙帶關係』。換言之，每一個銀行總裁都有好些姪子外甥之類，而其中最聰明過人的，就是日後下一任的總裁。假如你和這個人念同一所中學，你還有點機會到這間企業任職，上同一所大學，也許還可以，但你還是個外國人哩。」他建議我還是不要涉足金融界，原因是進證券銀行服務的人，主要是去幫他們管錢，所以所能預期的薪水會比他們在工業界服務的所得來得少。在工業界服務的人，三〇歲可以達到的目標，在金融界往往要到四十歲才會達到。

你說你在威爾斯時是你生命中的低潮時期。

是的。

我們以後也談談別的低潮時期。其中一點是你的際遇和別人對你的期盼有出入，你在低潮時期對自己的肯定其實並沒有改變。

我對自己往往有過高的期盼，這肯定和我父母對我的教誨有關。假如你敬重你的父親，而他也認爲你是可造之材時，你也會自視爲可造之材，直到最近我對自己的期盼才被現實打破。

那你是不是繼續到金融機關面試？有人給你機會嗎？

有趣的是，經過拉札德・佛雷斯公司的面試後，辛格佛德蘭特公司雇用了我，這家公司的總裁正好是一位匈牙利人。這一點證明了拉扎德・佛雷斯公司的看法是對的：我和董事們都來自同一國家，因此他們才給我一份差事。那一年是一九五三年。

你當時可曾覺得他們選上你的原因是因為你是猶太人？

也許吧。但不論我被拒諸門外、在別的地方不被列入考慮，或在辛格佛德蘭德公司被看中，主要因素還是因爲我是匈牙利人。

你在辛格佛德蘭特做什麼工作？

實習員，周薪好像是七鎊。

七鎊比推銷員的薪水多還是少？

少一點，我老闆要我做的工作很乏味，我的表現也很差。最要命的是他們沒有紀錄外幣往來的機器，我要用手做複式入帳。他們有一個鋁製的盤子，我的工作就是把每天的貸項表、借項表和核算表放在鋁盤內。每天下班時，核算表上的貸項和借項應該完全抵銷，但我卻沒有一天辦到。我的主管每天都要重新核對一番，自然對我沒有好感。

之後，我在套利部受訓，在「櫃臺」內上班。這個部門就在股票市場隔壁，經紀人就坐在股市內等候客人下單，我的老闆則每天和約翰尼斯堡、布魯塞爾、巴黎和紐約等地聯絡，主要從事黃金股票買賣。我在那裡的表現也不好。我的老闆是一個很仔細的人，但這卻不是我的長處，於是我被送回總公司。之後，有一次我趁周末赴巴黎和我哥哥碰面，但為濃霧所困，直到星期二才回到辦公室。進辦公室時，所有的人看到我都好像視而不見。過了一會兒，有人通知我總裁要我到他的辦公室去，結果他把我申斥一頓，但我卻趁機會問問他我在公司的前途如何。他說，根據我的上司所打的報告，我的表現並不讓人滿意。他告訴我，如果我能夠拉生意，我自然前途無量，但假如我只是希望他們給我一個適當的職位，大概得等上一輩子，原因是他們還沒有想到有什麼適合我的具體業務。他說，他們不介意我留在公司，原因是我的薪水不多，但事實上我在哪一個部門都是多餘的。

他們希望你拉點什麼生意？

帶客戶來或拉生意，哪一種都無妨，只要可以為公司賺錢的，一概可以。我問他假如我找別的工作他介不介意，他說他不反對我離開。見過總裁後，我和一位從紐約來的實習員去吃午飯，此人名叫勞勃・梅爾，他父親是紐約一家小型經紀行的東主。我把和總裁談話的情形告訴他，他說，他父親在紐約找人幫忙，本來該早點告訴我的，但他覺得我是公司的實習員，把我從公司挖走是不對的。他問我可有興趣到紐約去，這就是我後來在華爾街工作的緣起，當然整個過程還花了點時間。

你什麼時候到紐約的？

一九五六年九月，這件事倒滿有趣的。我申請入境簽證時，美國當局把我拒諸門外，他們說，我只有廿六歲，太年輕了，除非我的專業是美國方面急需而且是當地人所不能取代的。於是勞勃．梅爾找了「黑市年鑑」的作者法蘭茲．皮克幫忙。法蘭茲．皮克寫了一份證明書說，套利交易員一定要很年輕，因爲他們都活不長久。結果我拿到簽證，但我謹記證明書上的一番話，希望能儘快脫離套利業。但我抵達紐約之初，我還是從事國際套利業務，從一個國家買進證券，然後在另一個國家出售。

你買賣的是哪一類股票？

那時主要是石油股票。蘇伊士運河危機緩和後，石油股票交易的生意就開始走下坡了，於是我開發一種新的套利業務，我稱之爲內部套利。當時發行的若干種證券是把普通股、認股權證和債券結合在一起的，但這些普通股、認股權證和債券一開始時是不能分開的，我想出一個辦法在這些普通股、認股證權和債券正式得到分割許可前就把它們分開買賣，結果我們這方面的業務生意應接不暇，賺了不少錢。

所以說你從一開始就是一個國際投資者。

我當時只是一個交易員，絕對不是一個投資者。我買入和賣出都很快，除非合乎公司的嚴格規定，否則公司也不准我持有部位。後來歐洲股價大漲，最初是因爲歐洲成立了歐洲共同市場前身的煤鋼共同體，美國銀行界和機構投資者開始對歐洲證券發生興趣，他們認爲歐洲將要進入一個所謂「歐洲合衆國」的一樓，並且即將拾級而上。華德海公司來找我，於是我加入該公司成爲一名歐洲證券分析師兼交易員，後來也兼任機構投資推銷員。當時我們得到的歐洲資訊都非常簡單。我寫了一些備忘文件，完全談不上專業水平，假如現在拿來看，你會覺得啼笑皆非。

這些備忘文件都很膚淺嗎？

不是膚淺，而是閉門造車。當時資訊取得不易，因此我們許多結論都是根據有限的資料推想的。但當時我成了歐洲投資熱中的巨擘，情形有如一群瞎子找了一個獨眼的人來做他們的國王一樣。當時「德瑞富斯基金」（Dreyfus Fund）和J．P．摩根等機構都唯我馬首是瞻，他們都希望得到資訊，因為他們的投資規模很大。當時我是一位核心人物，那是我個人事業的第一個重大突破。

那是什麼時候？

那時是一九五九年至一九六一年年底。當時我是第一個研究德國銀行的人，我發現他們的持股組合價值比他們的總資本額高很多。然後我又開始對聯盟保險公司發生興趣，接著寫了一本實實在在、關於德國保險業的書。我發現「艾克納——穆恩克納保險集團（Aachner-Muenchner Group）旗下的各家保險公司都互相持股，我把這些持股額加總後發現，假如把互相持股的金額計算在內，你可以以極低價購進他們的股票。

當時美國沒有人從事這種業務嗎？

一點也不錯，這是很富創意的工作。耶誕節前沒多久，我跑去和摩根談，讓他看一份關於前述五十家公司的圖表，並告訴他我的結論。我說我打算在耶誕節假期內把結論記下來，但他們馬上要求我立刻着手買入股票，根本等不及我寫備忘錄，他們的想法是這些股票的股價可能會因爲我的推薦而上揚一兩倍。那是歐洲股票業的巔峰時期，也是我的外國證券分析師生涯的巔峰時期。不久之後，甘迺迪總統推出所謂「利益平等稅」（Interest Equalization Tax），向外國投資徵收一五％的附加費，以維持國際收支平衡。導致我的業務毀於一旦，於是我就離開華德海公司。

那是一段特別艱難的時期，是不是？

這種事情往往都是充滿辛酸的。利益平等稅使我個人受創，原因是政府推出利益平等稅之前，我做了一筆關於東京海上火災保險株式會社股票的大買賣，當時這家保險公司準備發行「美國存券收據」（American Depository Receipt, ADRs）。我買進東京海上火災保險株式會社股票，然後向機構投資人出售該公司的美國存券收據，出售的但書為假如東京海上火災保險株式會社真的發行這些存券收據。這種生意的利潤率非常可觀，但風險同樣也大，因為東京海上火災保險株式會社未必發行美國存券收據。直到美國政府頒行利益平等稅後，潛在的危險成了事實，一連幾天，這筆買賣都是處於生死未卜的狀態中。事實上，這筆買賣是得到公司一位合夥人批准的，但當其他合夥人開始質疑他時，他又否認曾經同意此事，結果是由我來背黑鍋。

這些證券是不是在公司的戶頭之內？

是的。假如東京海上火災保險株式會社發行美國存劵收據，我們打算以這些股票爲後盾出售存劵收據。但假如東京海上火災保險株式會社不發行美國存據收據，我們就只得持有東京海上火災保險株式會社的普通股，然後被迫在東京降價求售。過了幾天，東京海上火災保險株式會社發行美國存劵收據這件事終於定案，我們還是賺了錢。我和其他合夥人談論此事，向他們解釋其中情形，但我覺得，假如我說出眞相，告訴他們那位合夥人撒謊的事，這種互不信任的氣氛就永遠淸除不掉，只要我在公司一天，這種氣氛都會一直跟著我。因此過了相當時日後，我開始找別的工作。離開之際，那位當初同意那筆買賣的合夥人對我說，假如我不說他的壞話，他也永遠三緘其口。結果我轉到安霍達公司。

你在那邊的情形如何？

他們給我的業務範圍是開放的，我接受了，事實上他們也一直在找人。但我開始上班時，卻幾乎沒什麼業務，原因是歐洲證劵業務已經被利益平等稅打垮了。不過，向歐洲出售美國機構投資人急於脫手的歐洲股票，還是賺錢的。在這方面還有一個滿有趣的小故事。我發現聯盟保險公司，並在我的想法見諸文字後，該公司寫信勸告德瑞富斯說，買他們的股票是一記錯着。聯盟保險公司指出，我的分析錯誤，而且誤導別人，讓他們的股票價格被高估了。德瑞富斯不理會這封信，只是不斷的買進，後來股價升一倍，甚至兩倍。利益平等稅推出後，德瑞富斯要脫手，摩根也要脫手。於是我直接找聯盟保險公司談，這一回聯盟保險公司又寫信告知德瑞富斯，現在出售聯盟的股票也是一記錯着，原因是聯盟的營收將大幅增加，紅利也將提高，而且該公司還有許多利多措施。但問題是，當時聯盟股票的市價比起他們說價格被高估的時候還高出許多。最後，他們還是由控股公司吸納了這些股票。

之後你從事什麼活動？

生意愈來愈清淡，於是我又重拾哲學。從一九六三至一九六六年間，我花了點時間重寫我的哲學論文。

你真的放棄你的事業嗎？

沒有，我還繼續上班，但我的精神都放在哲學上，而不在生意上。

這一回的哲學插曲結果如何？

我在一九六一、六二年寫成的一篇名爲「意識的負擔」（The Burden of Consciousness）的哲學論文，並曾由華德海公司幫我刊印，這就是我那段時期要改寫的論文，但我在這方面的嘗試沒什麼進展。有一天，我翻閱前一天寫好的東西時，竟然覺得了無新意，我終於明白我只是浪費時間，於是我決定回頭。

當時你覺得你在哲學方面會有什麼成就？你有具體目標嗎？

當時我覺得自己有些重要的哲學見解要表達。但現在我才明白，那些不過是在鋪陳波柏的學說，但到現在我仍然有這樣的幻想，認爲我有些重要的創見。

這些重要的創見是什麼？

其中之一是這個世界是先天不完美的。人生於世，所持的看法、期望和現實始終有差距，有時距離不大，可以不理，但有時這種距離大得足以影響世局的發展。歷史是由參與歷史者的錯誤、偏見和錯誤觀念構成的。

這些問題留待日後再談，現在我只是對你重返商場的時機和方式很好奇。

時機是一九六六年，當時我對美國證券不甚了解，於是想出一個在這方面啓蒙的方法。我用公司的十萬美元資本成立了一個戶頭，然後把錢分成十六份，再把其中一兩份投資在我認爲特別有吸引力的股票上。每次投資，我都寫一則簡短的備忘說明投資這些股票的理由。每個月再撰寫月報檢討我的投資組合和投資組合的進展情況，如此每月都整理出一份表現紀錄。就是這樣，我利用這個戶頭作爲和機構投資人做生意的推銷工具。這方法很成功，因爲我可以藉此和投資界保持接觸。在埋頭改寫哲學論文的那一段時間裡，我可說是活在眞空狀態中，現在總算有機會把我的投資理念在可能投資的人中試驗。假如反應良好，就表示我的想法頗佳，假如反應消極，我就會認眞質疑是否走錯了路，所得到的回饋都是很有那不太像你嘛。你平常很少讓別人告訴你你的想法好不好。

試驗想法對在金融市場操作很重要。舉個例子，有一家名叫「美國封頂」的公司。我跑去拜訪他們的管理部門，他們講了很多很好聽的話，我信了他們。但我的一位客戶打電話告訴我說，他們的確說得很動聽，但此中不無玄機，任何一家公司的資方都是愛吹牛的。你看，這就是很有用的資訊，這種回饋的價值是顯而易見的。

我當時的主要投資之一是貨車運輸業，我把戶頭裏四分之一的錢投資貨車運輸業股票，結果成績不俗，戶頭的表現相當理想。之後，我們以這個戶頭的投資組合爲基礎，成立了一個小型的投資基金，名爲「第一老鷹基金」（First Eagle Fund）。到了第二年，就是一九六九年，我們用四百萬美元的資本成立了另一個小型基金，叫爲「雙鷹基金」（Double Eagle Fund）。這是一個避險基金，可以賣空、買超，也可以進行槓桿操作。但兩個基金開始壯大後，就出現了可能發

價值的。

生利益衝突的問題。我們也向客戶推薦公司自行購入的股票，雖然我們已把所購進的股票資料公開，但問題還是無法解決，特別是在出售股票時。於是我放棄這個戶頭，離開安霍達公司，然後在一九七三年自行成立避險基金。

這就是日後「量子基金」（Quantum）的前身了？

不錯，但當時這個基金名叫「索羅斯基金」（Soros Fund）。

成立基金的經過如何？

我讓雙鷹基金的股東自行決定是否跟我合夥，或留在安霍達公司，我和安霍達公司拆夥，雙方都是很和氣的，所以直到現在，安霍達公司還是我們量子基金的結算仲介和主要管理人。

第三章　量子基金的始末

量子基金最初有多少資本？

量子基金的前身是雙鷹基金，雙鷹基金在一九六九年成立之初的資本額爲四百萬美元，到了一九七三年索羅斯基金成立，資本額爲一千二百萬美元左右。

這一千兩百萬美金中有多少是你自己的錢？

很少，基金經理人可以得到全部利潤的二〇%。當時我有一位比較資淺的合夥人，此人名叫吉姆・羅傑斯（Jim Rogers）。我們把所得到的利潤繼續投資在基金之內，於是可以和其他股東一樣按投資比例分紅，再加上每年二〇%的利潤，所以我們的持股比率日益增加。

吉姆·羅傑斯現在很有名，他是「投資機車客」（Investment Biker）的作者，也是CNBC的分析師，你在那裡認識他的？

他最初是華爾街一家小公司的分析師，後來加入安霍達公司和我合作，兩人比肩和全世界交手。他是一位很傑出的分析師，而且工作很勤奮。另一方面，他也理解並認同我的思想架構和投資哲學，所以我們之間的合作關係很好。我們的合夥關係很有收穫，不斷成長，但這卻引起了一些問題。吉姆·羅傑斯不要增加人手，他很喜歡我們的夥伴關係，因此不要外人加入，但我們的業務規模一天比一天大，所以我必須要雇用新人，吉姆一直抗拒，但最後我們還是找了些新手來，由吉姆負責從頭訓練，這種做法完全悖離華爾街傳統，因爲我們覺得任何人只要有點華爾街經紀商的背景，這個人就已經完全無可救藥了。

你們覺得華爾街有什麼問題？

我們當時的預設立場是市場總是錯的。事實上，吉姆·羅傑斯和我之間的最大分別在於吉姆認爲：流行的觀點總是錯的，而我則認爲：我們也可能有錯。所謂

「華爾街智慧」其實就是所謂傳統智慧、常理。由於我們要和華爾街互別苗頭，事實上我們與華爾街傳統之間也有很大的差異，所以懷著傳統智慧到我們公司來的人根本無法適應我們的業務。吉姆・羅傑斯對這一點非常堅持，我就比較不那麼冥頑不靈，我願意接受從華爾街來的人，但礙於他的觀點，而且業務由他一手包辦，我只好聽他的。

業務由他一手包辦，那你負責什麼？

所有決定都由我來做。

他只作分析，完全不扣扳機嗎？

他從不扣扳機，我不讓他扣扳機。

為什麼？他扣扳機扣得不好嗎？

一點也不錯，他分析做得非常好，這就是我們兩個人的分工情形。

那就是說，他會向你提出主意，然後問你：「你打算怎麼辦？」

有時是這樣，但有時我也會出出點子，再由他負責研究。我也從事研究，特別是我們進入新領域或出了岔子時。一般而論，我們的原則是先投資後研究，我負責投資，他負責研究。

他負責研究，你負責投資，可曾發生過他發現想法出了錯，但你仍然不放棄股票的情形？

有，事實上這是最理想的情形，原因是我們知道問題出在什麼地方，也知道什麼時候該撤手。一旦掌握住狀況，持有股票就很安心，但我仍不斷注意是否出了毛病。有時我們也察覺到先前的想法竟然大錯特錯，那時我們就會儘快撤手。

我記得我也買賣過一些你感興趣的股票，你總是打電話來，十足分析師的神氣，那是不是說你也做點分析工作？

當然，那時我工作滿勤奮的，幾乎成了某些行業的專家。一般而言，我非得儘快成爲專家不可，原因是假如有新的點子，我往往只有幾天的時間去了解相關行業的狀況，但我也記得有幾次我鑽研得滿深的。

我想到的是關於一家石油服務公司的那一次。

這家公司叫做「湯姆・布朗公司」。本來投資石油服務業是吉姆・羅傑斯的主意，當時我們在超買方面賺了很多錢，但在賣空方面也賠了不少錢。不過，假如促銷這種服務的人挖到了石油，你還能跟他爭嗎?他吹牛說他要把油井命名爲「索羅斯一號」，「索羅斯二號」等，以紀念我們的大規模賣空作業，但我們並不欣賞他的幽默感。

可否談談當時你其他的前景分析?

其中一項是關於抵押貸款保證保險公司（Mortagage Guaranty Insurance Company）的，也就是所謂的魔術公司（MAGIC）。當時加州的住宅市場崩盤，市場人士認爲，該公司會破產，不料這家公司竟然熬了過去，使我們賺了不少錢。那時我就定下這樣的原則——假如股票可以安然度過困難時期，這些股票就應該持有，但千萬不能在困難時期持有。這原則說起來容易，但往往大家都不容易照著辦。

之後又有所謂「房地產投資信託」（Real Estate Investment Trust, REITs）問題，針對這個問題，我還在地圖上做了標記。在這方面，我們不論買也好、賣也好，都做得很好。我發表了一份研究報告指出，這方面的生意最初是「自我加強」，但到最後是「自敗」的。換言之，這種生意到最後是不會有好結果的，大部分房地產投資信託公司都會倒。但這種生意還有約三年時間才會崩盤，因此當時可以買進他們的股票。我們在買超方面做得不錯，這些股票的股價升至頂點前我們已順利脫手。過了幾年後，這些股票的股價開始下滑，我覺得那時賣空已經太遲，於是我把預測這個行業崩盤的備忘錄拿出來看看，我發覺這種事永遠都不會太遲的。這是我歷來首次在買空方面得到百分之百的利潤。我當時的做法是股價下挫時，才不斷補進。我只花了一百萬美元，但那時對我的避險基金來說，一百萬美金是很可觀的一筆錢。

吉姆・羅傑斯出過什麼好主意？

他最重要的想法大概是投資國防工業，當時根本沒有人注意到這種生意。那時大概只有一兩位經歷過前一次國防工業蓬勃發展時期的分析師留意國防工業。吉姆發現了E系統公司（E Systems）和桑德士公司（Sanders Associates）等企業的股票。

在這段時期的研究工作中，有沒有令你覺得特別自豪的？

大概在一九七八或七九年間，我摸對了科技股的行情，那是我一生中的第一次。當時吉姆的想法是，全世界都在從類比科技轉到數位科技的過程中，因此他想拋空類比科技公司的股票，但我卻有意超買。當時科技公司的股票已失寵，雖然資料處理的代理業務像野火般興盛，但這些公司的股票只能以很低的本益比出售，原因是市場規模擴充得太快，供應商很難維持原有的市場占有率。一方面，投資者也很擔心大公司戶中途殺入，把這些羽翼未豐的公司徹底打垮。因此之故，這些公司都無法向外籌措資金，而必須依靠本身的現金尋求成長。在這種情形下，這些公司應付不了市場需求，以致讓電腦業的大型公司隨時有機可乘，可以進入市場。這可說是最糟糕的一種自己自足的預言，假如投資者的心理扭轉了，賺大錢的機會就會出現。

吉姆和我跑去蒙特雷（Monterey）出席美國電子協會（American Electronics Association, AEA）的會議，花了一周時間和業者會面，每天大概和八至十家公司的人談，結果我們掌握了這個難以掌握的行業。我們選擇了五個最看好的領域，每個領域選擇一種以上的股票。這是我和吉姆最合作無間的時候，此後一兩年，我們坐享這番努力的成果。當時基金的表現比起過去任何一個時期都要好，但我們的關係卻開始緊張得令人窒息，原因是基金成長很快，但經營的人手卻原封不動。

但你那時不是已經增加人手了嗎？

是的，我們找來一批很聰明能幹的人，他們起初都是門外漢，最了不起也只有一點點經驗。但是當他們開始受訓，並陸續向吉姆提出反對意見時，吉姆卻無法忍受，他受不了下屬對他的批評。他一向都很能接受我的批評，我批評他，他從來不覺得不愉快，但他不能接受他的門生批評他或和他意見相左。所以只要這些人逐漸上路，越來越能幹以後，他總千方百計對付他們，使公司的氣氛變得很不愉快。爲了這緣故，我們總是留不住開始自立的人，於是公司出現了眞空，我們的生意愈做愈大，卻還得事必躬親。對我們來說，成功只給我們帶來更多工作、更多責任，而這種情形發展下去，最後終於迫使我們拆夥。

你跟吉姆講過剛才講的一番話嗎？

有，我在蒙特雷曾向他提出一套三步驟的策略。第一步就是合力建立一支團隊，假如這一點辦不到，第二步就是我獨立建立一支團隊；假如這樣也行不通，就由別人來建立團隊，我不插手。這就是我們當時實行的做法。我首先把基金的名稱改爲量子基金，以做準備。我當時的說法是慶祝基金規模的大幅成長，同時我正好迷上量子力學的不肯定原則，但其實眞正原因是我要把我的名字除去。

之後如何？

我們在一九七八年實行第一步，但到了一九八〇年，卻發覺並未奏效。於是我們拆夥，但基金繼續在一九八〇年和八一年初高速成長。當時我獨力經營基金，只有很少職員幫忙，辛勞備至。這就是我們策略中的第二步，這第二步觸發了一九八一年的危機。一九八一年九月，我從管理的第一線退下來，把量子基金的資金交由別的經理人經營，那就是策略的第三步。

請談談一九八一年的危機。

大概在我提出我的三階段策略時，危機就已醞釀了。當時我的事業很成功，我卻堅決否認。我工作得很辛苦。我認爲假如把我的不安全感拋諸腦後，我的成就就會出現危機。但我得到的報酬是什麼呢？更多錢、更多責任、更多工作，還是更多痛楚？我說痛楚，原因是痛楚是我的決策工具之一。基金規模已經達到一億美元，我個人的財產大概也有二千五百萬美元，但我已快要崩潰了，這種結果毫無意義，於是我決定面對我的成就，承認我的成功，即使爲此不能持續成功也在所不惜。我這樣說的原因是我的成功來自自我否認、自我批評和自虐。也許此舉等於殺掉會下金蛋的鵝，但假如生活一天比一天難過，下這些金蛋又有什麼意義呢？我要開始享用成功的果實，否則我的辛苦又所爲何來呢？

你所謂成功的定義與你的生活方式無關嗎？

我的成功定義與工作有關，但與我的生活方式沾不上邊。一般而論，成功的好處之一是我可以買得起我希望得到的東西，但我這個人沒什麼奢侈的作風，我有那麼多錢，但相對而言，我的生活是相當簡樸的。但這不是重點，眞正的重點是我願意接受多少痛苦、緊張和不安全感。

你所謂「面對你的成就」是什麼意思？

正如前面所說的，我改變了我的態度，接受我是一個成功的人的事實，我拋開了我的不安全感，當然我也知這有多危險。之後我放縱了一段時期，不但和吉姆·羅傑斯拆夥，也和我的第一任妻子分手。

何以你的婚姻會宣告解體？

這其實是我當時精神錯亂經歷的一部分內容，但這和我的事業並無直接關聯，原因是我太太非常支持我，也很能容忍我幾乎把全部精神投入生意。但我改變了我的態度後，我們的關係反而被打亂。於是我放縱了一段時期，又和我的合夥人拆夥、和妻子分手，自己一個人獨立經營資本額已經達到一億美元的基金。我還故意放鬆了以前進行操作時使用的制約機制，但是諷刺的是，基金的表現竟然好得驚人，此後兩年，基金的資本幾乎每年增加一倍，在兩年內從一億美元增加至四億美元。

你說「放鬆了制約機制」，到底是什麼意思？

我發現我的自我要求過苛，自制過甚。在此以前，我堅持要在每一方面的情況都很了解後再作投資，但結果我往往覺得某些投資的可靠程度不如理想，於是很快就把它們脫手。我這樣做，部分原因是有很多主意會同時擠進我的投資組合來，把組合中的某些投資項目擠走。

意思是時機還未成熟就被擠走。

是的。我的管理作風太緊張、太自我設限。於是我聽任這種作風瓦解，不再堅持每一方面的情況都瞭如指掌。

是不是說你變得比較依賴直覺了？

可以這麼說，我少做了一些基礎工作，同時讓我的資訊逐漸流失。這段狂放時期還在萌芽階段時，我的知識非常豐富，幾乎不論怎樣的新投資機會出現，我都有可以應用的知識助我一臂之力。我到現在還記得，自己當時對任何情況反應之快、知識之豐富，及我可以想起的類比情況之多，連我自己都覺得不可思議。當時每一種情況都在我掌握之中，別人不容易看出來的關連，我一眼就看出來了，但那時我覺得自己也在逐漸走下坡，我好像是一部逐漸磨損的機器。基金資本從一億美元增加至四億美元那段時期，我覺得已經開始掌控不住，我對於投身的各種情況所知甚少，甚至遠不如離開時來得多。我知道不能再這樣繼續下去，原因是剛開始時或許不需要那麼多主意，但當它成長成一個四億美元的基金時，就需要很多主意來維持基金。那時壓力幾乎大到無法承受。雖然我已逐漸放鬆，但我絕不是不負責任，即使我沒有以前那麼審慎，但卻時時都惦記著我的責任。於是我內心出現了衝突，我覺得基金是一個有機體、是寄生蟲，正在吸我的血、在耗費我的精力。我捫心自問，自己重要還是基金重要？基金是我賴以成功的工具，還是我是基金的奴隸？這就是促使我實行第三步策略的主因。我要退下火線。

那時你設法使基金進入一個新階段，但卻遭遇困難，對嗎？

當時我設法找人分擔經營基金的責任，但卻遍尋不著，於是我轉而尋找可以全盤授權的人。但很不幸，此舉的結果是把我自己內心的亂象變成眾所周知的事。我找了很多人談，但和我談的人愈多，就愈多人知道我當時的心情，而我的心情也一天比一天每下愈況。

於是有人傳言我身陷危機。而我卻行了一着致命的錯着：我找人承擔經營基金的責任之際，自己卻未完全放手。我本來應該先把基金凍結，再重組經營結構，但我卻一邊不斷找應徵的人來談，還一邊不斷自行做投資決定。

這對基金有什麼影響？

結果基金成立多年來首次虧錢。我把情況告訴各股東。請他們自行決定是否退股。到了一九八一年九月，基金資產下挫二六%，於是不少人退股，最後資產從四億美元下挫至二億美元。那是一次我與基金之間的內部衝突，結果基金輸了，因爲它的資產在一年之內減少了二二%，我卻贏了，因爲最後我終於克服了我的問題。

這是什麼意思？

我不要成爲事業的奴隸，我弄清楚我是主人，不是奴隸。從許多方面來說，這是一個很重要的轉變，因爲我已經開始接受我是一個成功的人的事實。我一向擔心只要我承認成功，就會遭到不幸，但我竟然克服了這種恐懼的心理。

這是不是良心不安的問題？你那時的想法是不是假如你承認成功，只會壞了你的好事？

也不是，我想得更多，而且我覺得我的恐懼也是很有根據的。假如你很正視風險，就必須自我約束，我是靠我的不安全感自律的，這種缺乏安全感在許多問題失控之前提醒我注意它們。假如我放棄這種自律方式，我所能依靠的就只有勤奮和其他例行公事兩途，但例行公事絕非我所長。我不敢承認成功，是怕這樣會失去我的不安全感。一個人只要把成功視爲既成事實，就會降低警覺，失去戒愼恐懼之心，有狀況出現時，只會坐視不理，以爲總有辦法脫困。事實上，那正是一個人失去脫困能力的時候。

你害怕自滿。

你說的對。但我想那段時期我的人格起了很深刻的變化。自責和羞恥之心是我的情緒結構中很重要的內涵，但我克服了它們。我找過精神分析師幫忙，但並不深入，我沒有躺在躺椅上，而且也只是一星期去一兩次。不過這是很重要的一個過程，原因是我把我的偏見攤開，而且還發現這些偏見並沒什麼意義，於是我就放棄了這些偏見。

有一次我的唾腺結石，痛得很，醫生開刀把結石拿出來，整個過程是很痛苦的。結石只有一顆，圓圓硬硬的。我把它留下來，因爲這顆結石害我痛得那麼厲害。過了幾天，當我再看這顆結石，它已經成了粉末狀。結石本來是鈣，乾了就成爲粉狀，就像我的問題一樣，攤開來，一下子就煙消雲散了。

一般而言，那時你對生活的態度比較積極，對嗎？

不錯，我覺得我有了某些成就，變得比較容易相處。我相信我的第一任和第二任妻子對我是個怎樣的人會有不同的認知。我告訴現任太太蘇珊我以前是怎樣的一個人，我覺得她不太相信我的說法。

基金結果怎樣啦？

到了一九八一年九月，我把基金的資產套現，成立所謂「綜合基金」。我的計畫是把部分的錢交由經理人經營，我自負監督之責，而不再積極參與經營。從一九八二年至一九八四年間，這種經營方式沒有多大進展，可說是一段最沒有生氣的時期。

把基金經營業務交給其他經理人代勞這種做法當時不很成功，是不是？

我從外面找來一些經理人，其中有些做得不錯，後來還繼續經營我們的錢一段時間，其他的表現比較不理想。當時來了一位名叫吉姆‧馬古茲的人擔任駐公司經理人，他的表現中等，我開始對這種安排不滿意，於是決定東山復出，再積極投入業務。吉姆‧馬古茲不能接受這點，於是他離開了。

你在一九八四年決定不把所有的錢交給外面的經理人代為經營，而且還決定重新投入業務並建立一支團隊，好像問題只在找到理想的隊員而已。

那是後來的事。最初我什麼隊伍都沒有，我是單獨重返戰場的。

那是開始進行你所謂「即時實驗」(Real-time Experiment)的時候，可否說明一下？

爲了從學術立場重新投入投資，我決定撰寫一本關於我個人投資方法的專書，於是我開始進行我所謂的「即時實驗」。我的想法是在決策進行過程中就把其中詳情即時記錄下來。由於我把投資視爲一種歷史性的過程，因此我覺得這種實驗非常恰當。這談不上科學實驗，也許可稱之爲「煉金術」實驗，原因是我希望進行實驗這個事實可以影響實驗結果，也希望這種影響是積極的，結果我的希望如願以償。之後，我們有另一段爆炸性的成長時期。所以，雖然這實驗不能根據科學的標準證明我的理論，但根據理論本身提出的標準而言，這理論是合理的。我的重要看法之一是理論和實驗足以影響它們牽涉的主題。於是，我就在一九八五年展開我的即時實驗。

你在「金融煉金術」（The Alchemy of Finance）書中談過這個問題。

對，書中的確談過這個問題。即時實驗事後證實是一個很不錯的構想，它可以刺激我的思考。由於我要解釋我做某種決策的原因，所以必須很有條理。一九八五年九月的廣場飯店協定就是一項即時實驗的內容，這項協定對我個人和基金都是一大勝利。我們在十五個月內升值了一一四%，這是對著書立說的人一項最高的殊榮。

現在讓我們談談廣場飯店協定如何和即時實驗扯上關係。當年九月廿二日是個星期天，五大工業國家財政部長（譯者按：即美國、日本、當時的西德，英國和法國五大工業化國家）在廣場飯店會晤，由於一九八〇年代初期非常強勢的美元已經強過了頭，於是五國達成協議，決定讓美元貶值。

你可否說明你怎樣發現此舉的重要性，後來你又採取什麼行動？

正如我在「金融煉金術」書中說的，廣場飯店協定顯示，匯率自由浮動制度已經走到盡頭，取而代之的是所謂「骯髒浮動」（編者按，即管理浮動匯率制度）。原來的模式既然已經被打破，新遊戲規則於是登場。我當時覺得，他們採取的是必要的步驟，也察覺到這件事的重要性。雖然當時我超買了日圓和西德馬克，但我繼續跟進，更大規模地超買。我想不起來我是否馬上採取行動。然後我停手，之後又再買進。這次行動我想是我打垮曲線（收益率曲線）的一回。我本來已經有投資部位，但還能夠有本錢繼續增加投資，以便發出最致命的一擊。結果我的部位變得非常大，但我得到的報酬也相當可觀。

你的策略頗能對付廣場飯店協定，但後來你卻有一些與此完全不同的經歷。可否談談到底黑色星期一那天發生了什麼事？

我那本書在一九八七年出版，我到處跟人談我的書。我還跑到哈佛大學約翰・甘迺迪政治學院去談我的「大起大落理論」（Boom／Bust）。那天我離開哈佛後，才知道市場出現大舉拋售的情形。那天好像是黑色星期一前周的一個星期三，當時我本來應該坐在辦公室內想辦法脫身，但我卻誤了時機。我知道會出大亂子，但我以為當時籠罩在泡沫經濟發展中的日本會首先出事，所以我在市場抛空，在美國市場超買。然而，受到打擊的是美國市場，日本市場得到政府當局的支撐，所以沒有崩盤。因此我在日本的空頭部位就成了沉重的負擔，我被迫結清我的超賣部位，以免要增收押金。於是我很快脫身，原因是我的原則是先求生存，再談賺錢，結果我們在幾天之內竟然也虧了不少錢。不過，那一年我們本來就很賺錢，所以在一九八七年年底結算下來，我們還有盈餘一四％。

在一九八七年時你已經組織一群工作夥伴，對嗎？

不錯，我有一個由四名高階經理人和分析師組成的經營團隊。假如你還記得的話，你當時還是有點不相信我可以和他們合作並給他們足夠的空間。但事實上，那時我最樂意把一部分權力交給別人了，而我自己就和實際的經營管理保持距離。我讓他們接管更多事，但我並未放棄我的最高領導人地位。一九八七年，德瑞富斯公司一位名叫史坦．杜魯根米勒的基金經理人注意到我的書，他看過之後來拜訪我，他覺得這本書對他的思想產生了刺激。此後我們就開始熟絡起來，我叫他轉到我們公司來。但他對德瑞富斯忠心耿耿，而且那一年是相當艱難的一年，他為德瑞富斯賺了不少錢，他認為德瑞富斯會給他豐厚的酬勞。事實上，他在股市崩盤時的應變手法的確比我高明。到了年底，他指望的報酬並沒有發下來，於是他表示願意隨時加入我們的公司。

結果史坦在一九八八年九月到我們公司任職。他負責宏觀投資，但我還是老闆，只不過我不在的時間逐漸多了，那時我開始把很多精力投入中國大陸、俄羅斯和東歐事務。在一九八七年成立的團隊則負責挑選股票。

史坦在我們公司的頭一年，表現不如他預期的理想，他覺得這都怪我常常在公司出現，使他覺得受到制肘，也讓他覺得不自在，以致無法施展，他開始覺得沮喪。但他和我之間並無衝突，只是他對自己不滿意，他也不隱瞞他的感覺。因此，到了我因為東歐事務分身不暇，不能常到公司時，我就讓他全權負責。事實上我本來就有些打算，但我還是比較正式地向他授權。這一點對他很有幫助，在此以前，當他表現好時他才會覺得他在名正言順地管事，表現欠佳時，就不認為是他的責任了。到了他真正接管後，我們建立了一種類似教練和球員之間的關係，這種關係一直都非常成功。我是教練，史坦和其他球員可以來找我聽聽我的建議，並讓我了解他們的看法。

這樣一來，他們不再覺得我會干預他們的發號司令，更不會認爲我從他們手上把球搶走然後自己帶著球跑。我想這是一種很有用的作業方式。我也負責分發他們紅利，公司盈利保留給這支經營團隊，由我來決定每人應得多少。這也很重要，因爲這可以使他們明白，我仍很關心公司的長遠表現。他們覺得我是一個公正的裁判，立場不偏不倚，這樣就可以創造很好的團體精神。我也負責公司的全盤策略，包括決定是否成立新基金、取消現有基金，或進入新的經營領域等。

你什麼時候開始扮演這個角色的？

那是一九八九年夏末，當時歐洲的革命開始升溫。我剛剛已經說過，我不能繼續執行日常的經營工作，我也無法留在決策的第一線。這反而是很成功的一着，公司從九一至九三年連續三年都有很好的表現，這是基金的另一巔峰時期。

但一九九四年情況並不好，不是嗎？

一九九四年是量子基金成立以來表現次差的一年，但我們仍有不錯的盈利，經過三年大漲的情勢之後，這樣的成績已算不俗。往往在進行重要的一擊後，不免要把部分既得的成果回吐出來，這一次當然也不例外，只是回吐的部分遠不如一九八二和一九八七年那兩次大。一九九五年事實上比一九九四年艱難多了，九五年剛開始，我們就虧損了一〇%，但我有信心可以收復失地。團隊領導得人，基金的經營深度比過去任何一個時期都要強，其他人要得到和我們一樣的成就，也難免要經歷許多大起大落。

我聽了你這番話，結論是外人覺得量子基金一向一帆風順、無往不利，其實也有不少波折起伏，但你們的紀錄很驚人，扣除經營部門應得的分紅後，持股人在廿六年內的每年平均投資回報率高達三五%。換言之，假如在一九六九年投資一千美元，而且利潤和分紅繼續循環投資，這筆錢在廿六年間就變成二百一十五萬美元。假如仔細端詳，就可以發現量子基金可以劃分成幾個發展階段。第一個階段是頭十年你和吉姆．羅傑斯聯手和全世界對抗的時期；接著就是一九七九年至八一年間的大起大落時期；然後有一段短暫的真空時期，你把部分資金交給其他經理人經營；之後就是你所謂「即時實驗」時期，跟著就是股市崩盤和一連串的大起大落；目前是史坦．杜魯根米勒主政的時期。

你說的一點兒也不錯。

量子基金的規模是不是個問題？

的確是，這是一個生態問題。對現在的環境來說，我們的規模實在太大了。我在一九八九年發現這個問題，於是決定把盈餘分給持股人，同時也開始進行多元化投資，我們設立了一個專門投資新興市場的基金，並投資房地產和工業。

那不是很危險嗎？看看那些規模過大而開始多元化的公司的下場，比方全錄。

我也知道危險，但我把它視為挑戰，這樣反而可以使我集中精神。假如我們不針對基金的規模調整運作方式，危險反而會更大。

你現在出了名，大家都看著你。這樣會妨礙你的行動自由嗎？

當然會，但更重要的是，社會上流傳了很多關於我們的不實流言，這些流言使人對我們的活動產生錯覺。我們的名聲自然也帶給我們一些好處，特別是在工業投資方面。但最大的好處是我們因此吸引了一支很好的經營團隊。我們還不會那麼快就垮台的，不過我們也不會把目標訂得太高，以往頭廿五年的表現，現在恐怕難以再現，假如能夠重現當年的表現，全世界的股票都會落入我們手中。我們的規模不能再擴大了，未來廿五年如果我們的成績能有頭廿五年的一半好，我就心滿意足了。

第四章　投資理論

現在來談談你投資時使用的思想架構。你曾在「金融煉金術」書中談到這個問題，你也說過這部書可說是你思想上的一大突破。這部書何以那麼重要？

這是我一生學問所在。在逆境中，哲學是我最重要的寄託。

但你最教人感到困惑的地方，卻也是你的哲學，對嗎？

我的中心概念是人們對世界的理解本來就是有欠完整的。有些狀況是我們必須先行理解，而後才能做成某些決定，但事實上這些狀況往往受到我們做決定時的影響。當人們參與某些事時，他們所懷著的期望本來就是會和這些事的實際情形不一致，只是有時差距很小，可以不必理會，但有時差距很大，足以成爲影響這些事情發展過程的重要因素之一。這不是很容易傳達的一個概念。

我可以把這個中心概念歸納成很簡單的一句話，就是我們的理解欠完整。這句話雖然簡單，但卻能完全表達這個概念的全部意義，原因是這句話表達的意思不僅僅是我們的理解欠周延，也表示我們要置身其中處理及要了解的現實，也都是不完整的。現實是一個不斷在移動的目標，因爲我們的理解是可以影響現實的。

人們的思想也可以反映現實，這就是所謂認知功能。但在另一方面，人們做決定，而這些決定不但可以影響現實，而且這些決定不是根據現實做成的，而是根據人們對現實的詮釋而作成的，我把這種功能稱爲參與功能。這兩種功能從相反方向運作，而且在某種情形下還會互相干擾。但它們也互相起作用，它們的互動方向，我稱之爲雙向反射回饋機制。

何以說反射呢？

你聽過反射動詞的說法吧，這種動詞的主詞和受詞是相同的，這主要是法文的文法特色。「反射」這種說法和「反映」一語也有點關聯，但不應該和反射神經的反射混爲一談。

這些說法都在「金融煉金術」裏頭，是不是？

對我來說，「金融煉金術」是一大突破，原因是我把反射這個概念明白說出來，而這個概念對我所做的市場分析非常重要，但也說得不夠完整。這本書最初不是很暢銷，原因是很少人明白我的意思。我得不到我尋求的思想回饋，不過也有難得的例外，像我和史坦・杜魯根米勒的認識過程就是如此，他看過我的書後就來找我談。後來還有保羅・陶達瓊斯，他堅持任何希望成爲他的雇員的人先看我的書。總之，有一小撮人似乎掌握了我的概念。

在我成了公衆人物後，人們就開始重視我的書了。而我也開始得到一些很有價値的思想回饋，這些回饋也暴露出我的理論的若干缺點。我發現我使用某些字或詞時，用法不是很準確，比方「反射」這個詞。我在書中用這個詞時，有時指有思考的人參與的事情結構，但有時也具體地指雙向反射回饋機制打亂了事情和參與者的認知時所引起的不平衡。

前者是一種對事物的看法，一種放諸四海皆準的一般理論，後者則是一種偶發現象，但這現象一旦發生，就會成爲歷史。

讓我們先談談你所謂的「一般反射理論」。

基本上，這理論談的是思考的參與者所扮演的角色，以及他的思考和他所參與的事情兩者之間的關係。我認爲，假如一個人既參與某一件事又進行思考，則他的處境就會變得很困難，因爲他要了解的是他參加演出的那件事情。傳統的想法是，了解是一種被動過程，而參與則是一種主動過程。事實上，這兩種角色彼此影響，所以參與任何一件事的人都不可能根據純粹或完整的知識做成任何決定。古典經濟理論假設參與市場的人是根據完整的知識行事，這個假定顯然是錯誤的。參與市場者的知覺已經足以影響他們所參與的市場，但市場的動向也足以影響他們的知覺，他們無法得到市場的完整知識，因爲他們的思考也不斷影響市場，而市場也回過頭來影響他們的思考。假如關於完整知識的假定是對的，市場分析就容易多了。

經濟理論必須重新從根本反思，原因是經濟過程中還有諸多不肯定因素，至今仍未得到解釋。值得注意的是，社會科學永遠得不到像自然科學那麼肯定的結果，經濟學自然也不例外。我們必須對思考在影響事情方面所扮演的角色徹底重新評估。

我們習慣把事情視爲一連串的事實：一個事實接著另一堆，永無休止。但假如某一情境是有人參與的，事實與事實之間不必然是直接銜接的。在這種處境中，事實首先和參與者的思考接上，然後參與者的思考又和別的事實接上。

假如我們要了解參與者扮演的角色，我們必須要先了解那一點呢？

我們必須先了解的一點是參與者的思考並不再只是囿於事實，他們也要考慮其他人和他自己的思考。如此就會出現不肯定因素，換句說說，此時參與者的思考就不再和事實完全相符，但卻可以在影響和塑造事實方面起某種作用。思考和事實不但不符，而且參與者的知覺和實際情況之間總會有差距，參與者的盤算和實際結果也會有出入。這種出入，就是了解歷史過程以及金融市場動力的關鍵所在。我個人的看法是，錯誤觀念和錯誤在人事方面扮演的角色，一如變異在生物學扮演的角色。

這就是我的核心概念，這概念也產生了不少影響，這些影響對他人未必重要，對我卻很重要，我的一切都源自這一點。我也察覺到我對這個世界的看法和流行的看法，在很多方面都很不一樣。

流行的看法之一是，金融市場是在均衡的狀態中。但這其中必然有分歧，原因是市場是不完善的，它們的性質有如隨意散步一樣，終究會受到其他隨意事件的調節。這種錯誤看法的來源在於錯誤地引用牛頓物理學來比擬。

我的看法完全不同。我認爲，分歧的地方本來就是來自我們不完整的理論，金融市場的特質之一就是參與市場者的知覺本來就和實際情況不相符，有時這種分歧是可以不予理會的，但有時我們必須考慮到這種分歧，我們才會明白事情到底是怎樣發生的。

你可否舉金融市場中的例子做說明？

通常都以大起大落的方式出現，但不見得都是這樣。大起大落並不是一個對稱的過程，而是先逐漸加速，然後突然來一個災難性的逆轉。我在「金融煉金術」書中談過好幾個例子，包括一九六〇年代的集團企業熱潮、典型的房地產投資信託基金問題；在一九七〇年代發生、後來導致一九八二年墨西哥危機的貸款狂熱等等。我發展了一套關於外匯匯率自由波動的理論，外匯匯率也容易走極端，但這方面的極端似乎比較對稱。我也談過若干並不單純的例子，像一九八〇年代用槓桿原理收購企業熱潮。在這些例子中，流行的偏見和流行的趨勢之間，都有互動反射作用，我要說明的是，這些例子在某種意義上都是滿特殊的，但在任何一連串的事件中，總有很多段很長時間中的互相反射是不重要的。

這是我在「金融煉金術」書中說得不夠清楚的一點。在該書中我也用「反射」這說法說明雙向反應，以及容許雙向反應出現的事件的結構。我現在還是會用這說法，我只是希望能很有力地說明「反射互動」是偶然的，而反射結構則是經常的這一點。

在所謂正常情形下，思想和現實之間的差別並不是非常大，其間也有別的力量在起作用，使兩者的距離更趨接近。其中部分原因是人從經驗中學習，另一原因則是人可以按照自己的意志改變或塑造社會情形，這就是我所謂的近乎平衡狀況。

但有時人的想法和現實距離很近，而且並不會互相趨近，這就是我所謂的極不平衡狀況。這種狀況又可以分成兩類，其一是所謂動態不平衡，動態不平衡出現時，流行的偏見和主導的潮流會互相補強，直至兩者之間距離大到非引起一場大災難不可；其二是所謂靜態不平衡，但事實上靜態不平衡在金融市場非常罕見。靜態不平衡的特色是極端僵化、極端教條化的思考方式，加上極端僵化的社會狀況，但雙方都不會改變，於是教條和現實之間的距離一直都很大。假如社會改變了，而教條不針對這些改變做調整，那麼，即使這些改變的速度非常慢，思想和現實之間的鴻溝也會愈來愈大。這種情形可以維持很長時間，我們熟知的一個例子就是前蘇聯。相形之下，蘇聯解體則可視爲一個動態不平衡的實例。

我們可以把動態不平衡和靜態不平衡視爲兩個極端，而近乎平衡則是介乎兩者之間的一種狀況。我喜歡把三種狀態比擬爲物質的三態：氣態、固態和液態。這三態性質很不一樣。以水爲例，水在這三種狀態中都有不同的特點。同一原則也可應用在市場參與者的思考身上。在所謂正常狀態中，我稱爲「反射」的雙向反射回饋機制並不重要，是可以不予理會的，但當這些人趨近或達到所謂極不平衡狀態時，反射就變得重要了，大起大落就會接踵出現。

你如何區別近乎平衡和極不平衡狀況？

這是最重要的一個問題。兩者之間的分野是很模糊的，常常有一些力量起作用，把我們推進極不平衡狀態，但也有抗衡力量與之對抗。抗衡力量一般都會贏，但有時這種抗衡力量也會抵擋不住，於是就會發生改朝換代或革命這類事情。我對這種情況很感興趣，但不能說我已經掌握足以解釋或預測這種情形的成熟理論，我還在摸索階段。我對金融市場情況掌握得比較好，在一般歷史方面就比較差了，原因是金融市場的時空界定比較清楚，而且還有可以公開得到量化數據。

我們現在只談金融市場問題。請你解釋一下的你大起大落理論。

我在「金融煉金術」一書中也試圖解釋這個理論，但顯然我的解釋並不是很周延。大部分人得到的印象是市價會受到市場參與者的偏見所左右。假如這就是理論的全部內涵，還需要研究嗎？答案不是太明顯了嗎？有一些所謂基本元素的東西，一般以爲，市價是可以反映的；只有在市價反過來影響這些基本元素時，大起大落才會接踵出現。

我們可以看看「金融煉金術」書中的例子。集團企業成爲一股潮流時，企業集團使用他們這些價錢被高估了的股票去買業績，這些業績又反過來把高估了的股價變成合理。在貸款熱潮期間，銀行使用所謂負債比例評估負債國的舉債能力，這些所謂負債比例包括未清償債務和國民生產毛額之間的比例及償還債務和出口額之間的比例等。銀行認爲，這些負債比例是客觀的標準，但事實上這些標準都受到銀行本身活動的影響。舉例言之，只要銀行一旦停止貸款，國民生產毛額就會下挫。所謂基本要素及其價值評估之間不常發生「短路」，但一旦「短路」出現時，就會啓動一個始於自我加強、而終於自敗的過程。

價值評估行爲往往會發生誤差。最常見的誤差是，進行價值評估的人察覺不到所謂基本價值並非可以置身於評估行爲之外的，這就是集團企業熱潮最盛的時候出現的問題。當時的企業併購抬高了股票收益，在銀行貸款熱潮期間，銀行的貸款行爲改善了負債國的負債比例，而這些所謂負債比例卻是銀行用以指導貸款活動的指標之一。

不過這也不是必然的。日本土地投資熱潮就不能視爲誤差，這是蓄意行爲，是很有遠見的一着，目的在鼓勵儲蓄，壓抑生活水準，以爲日本爭取更大的成就。日本人似乎把「反射」作爲一種政策工作，原因可能是他們的思想傳統和我們不一樣。操縱所謂基本因素似乎是他們與生俱來的能力，而我們則比較相信冥冥中的主宰，現在日本人快要被自己作出來的繭縛住了，但我們卻要仿效他們。

「反射」有沒有既定的模式？

絕對沒有。但「反射過程」至少要在開始時是自我加強的，然後才能察覺出來。一個自我加強的過程持續得夠久，最終就不免難以爲繼，原因是思想和現實之間的距離終於變得過大，或者參與者的偏見終於變得太明顯了。所以，有歷史意義的反射過程往往都是始於自我加強、終於自敗的，這就是我所謂的大起大落理論。

反射互動過程假如在達到「大起」規模前自我調整，它們就不會成爲重大的歷史事件，在這種情形下反而比完整的大起大落過程較常出現。

大起大落過程有沒有具體的模式？

我倒建立了一套模式，我的根據是觀察和邏輯思考，但我必須強調，這不是必然的。這個模式是這樣的，首先，整個過程可以在任何階段打斷；第二，這個模式只單獨描述整個過程。在現實層面，有太多過程交互作用、互相干預，於是大起大落的序列遭到外來震盪打斷了，因此在實際上，它和孤立模式符合的情況是不常出現的。但模式仍然代表了某種順序，其中包括若干階段，假如各主要階段不是順序出現，大起大落的過程就不會發生，即使發生也不是按照一定的具體模式發生的。

這一套模式有哪些主要階段？

在一般情況下，整個過程開始時是一種不爲人所察覺的趨向，到了人們開始察覺這種趨向後，這些警覺就會開始加強這種趨向，這就是最初階段。在最初階段時，流行的趨向和人們的偏見會互相作用、互相加強。在這個階段，我們還不能說極不平衡的狀況已經出現，要等到整個過程進一步演進，極不平衡狀況才會出現。潮流逐漸變得依賴偏見，偏見則變得愈來愈誇張。在這段時期，偏見和潮流都受到外來震波的考驗，假如這潮流和偏見都經得起考驗，它們將變得更鞏固，幾乎無法動搖。我們可以把這個階段稱爲加速階段。到了這個時候，假如信念和現實之間的距離很大，參與者的偏見就無所遁形，這可稱爲關鍵時刻，但由於慣性關係，潮流趨向仍然可以持續下去，但信念再也不會加強，於是便開始走下坡，我們姑且稱此一階段爲黃昏時期或停滯期。最後，信念盡失，使變得依靠更強偏見的潮流趨向產生大逆轉，這個逆轉可以稱爲更迭點。相反的偏見則釀成相反方向的潮流趨向，並進而引起災難性的加速運動，這可以稱之爲大崩盤。

下頁的圖表顯示，大起大落並非是一個對稱的模式。一開始時步伐是很慢的，後來逐漸加速到離譜程度，於是黃昏時期出現，跟著來的就是大崩盤。整個過程結束之後，偏見潮流趨向已經不是本來面目了，這種過程不會重演，原因在於這

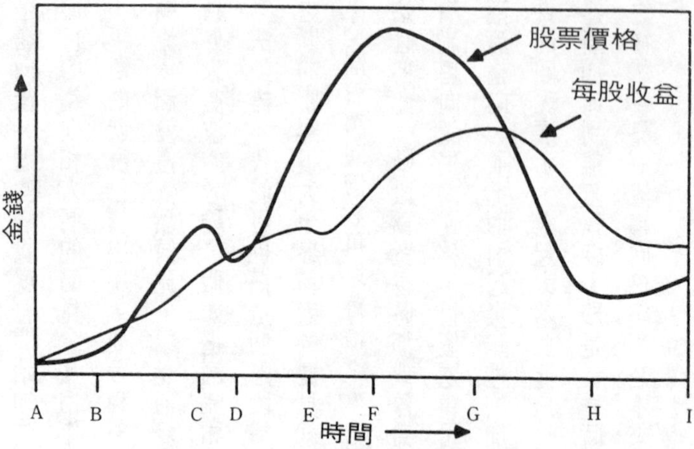

是一種體質的轉變。

你在金融市場中觀察到大起大落的過程，在歷史中也找到類似的過程嗎？

有，但這種過程在歷史上並不常見，原因是歷史上有太多過程在作用，互相影響。但偶爾歷史上會出現一種非常重要的過程，把其他過程都蓋壓下去。蘇聯的盛衰就是一例，歐洲的統合和分裂從日後看也可能是這樣的例子。

這種大起大落模式如何應用在蘇聯

的歷史上？

所謂蘇聯模式其實是一種無所不包的個體，它既是一個政府、是一個經濟體系、是一個地域上的帝國，也是一種意識形態。蘇聯幾乎是完全孤立、和世界隔絕的，因此大起大落的模式可以應用在蘇聯身上。但蘇聯是僵化的，不但主導的偏見——即馬克思主義是僵化的，整個制度也是僵化的，所以在加速階段，當偏見和趨向是幾乎不可動搖的時候，整個時期就表現爲過度的僵化。蘇聯在史達林掌權的時期就正處於這個階段中，特別是蘇聯制度經過二次大戰的嚴厲考驗之後。史達林死後就是蘇聯的關鍵時刻，特別重要的是赫魯雪夫向蘇共第二十屆全國代表大會發表的演說。最後蘇共政權重振旗鼓，但黃昏時期接踵而來。在這段時期，蘇共用行政手段維持教條於不墜，但教條已經得不到加強，得不到人們對教條有效性信仰的加強。但有趣的是，整個制度愈趨僵化，過去只要有專制獨裁的人繼續掌權，蘇共的路線還是會按照其意願而改變，但到此階段，這種彈性已經消失，而恐怖的氛圍也稍稍緩和，腐化的過程於焉開始，每一個機關都設法「卡位」。而事實上這些機構並不能享有眞正的自主，他們只有彼此進行「交易」。

於是一種相當複雜的交易制度開始取代所謂的中央計畫，同時，一個非正式的經濟體系開始發展，彌補了正式經濟體制不足的地方，此一黃昏時期就是現在所謂的停滯時期。在此一時期內，制度本身的不足日益明顯，要求改革的壓力一天比一天大，戈巴契夫成爲蘇共總書記就是我所謂的更迭點。改革加快了解體的步伐，原因是改革提出了別的選擇或使別的選擇合法化，而原來的體制賴以生存的一點就是「除此之外別無選擇」。經濟改革顯示了政治改革的必要，戈巴契夫提出重建改革和開放的主張後，蘇聯的解體過程進入最後階段，而且爆炸性地加快步伐，然後以蘇聯制度的完全崩潰作爲了結。

這過程最引人入勝的特色是，整個過程並不是從近乎平衡走向極不平衡狀態，而是從極端僵化走向另一極端——革命性的轉變。

所以這是跟金融市場的大起大落過程不一樣的？

也不一定。我在金融市場中也觀察到類似現象至少發生過一次。信不信由你，出現這種情況的是美國的銀行業。美國的銀行業也經歷了從極端僵化到極端可塑的過程，只是這個過程是反向的，以大落開始，以大起終結。美國的銀行制度在一九三〇年代沒落，此後開始受到高度限制，法規幾乎凍結了整個行業的結構。當時銀行不但不在別的州發展業務，有些州更把銀行在別州設立分行視爲非法，不少銀行的資方深受打擊，銀行最優先考慮的問題是安全，利潤和成長反而退居次要，銀行業變成了沈悶的行業，只能吸引一些了無生氣的人，整個行業死氣沉沉，根本談不上創新，投資者也忽視銀行股。

這種情形持續到一九七〇年代初期。一九七〇年代初期，在銀行業平靜的表面上，已經有改變在醞釀中。在大學受過企業管理訓練的新一代銀行家，已經開始冒出頭，他們關心的只是結算盈餘的問題。當時孕育這種想法的大本營主要爲紐約市第一國民城市銀行，在第一國民城市銀行磨鍊過的人後來在銀行界各奔前程，其中不少在別的銀行成爲高級主管，推出了新型的金融業務。於是有些銀行就開始更進取地使用他們的資金，大幅改善了營收表現。

當時也有一些在本州範圍以內的併購，於是規模較大的銀行開始出現。銀行一向的槓桿比率約爲資產值的十四至十六倍左右，但美國銀行竟高達二十倍。當時業績比較理想的銀行，總資產報酬率約爲一三%左右，在其他行業，假如有這樣的表現，再加上一〇%以上的股票收益成長率，股票就可以大幅溢價，但當時銀行業的股票只有一點點溢價，甚至全無溢價。銀行證券分析師也知道銀行股的股價是相對被低估了，但他們很不樂意看到這個問題得到糾正，原因是當時正發生的潛在改變過程太緩慢了，而且當時的計價方式也太穩定了。但許多銀行已經開始向所謂「審愼槓桿率」的界限挑戰，假如他們要繼續成長，他們必須另行籌措額外的資金。

一九七二年有一個晚上，第一國民城市銀行招待證券分析師晚宴，這是銀行業史無前例的事。我不在被邀請者之列，但這事件促使我發表一份報告，主張買進一些經營比較積極進取的銀行業股票。我的論點是銀行股將重現生機，原因是銀行業者將有利多消息，而且他們也快要把利多消息傳開。當時我在文中說，「成長」和「銀行業」似乎是兩個相反的詞語，但這種對立馬上要化解了，銀行股股價快要起漲好幾倍。

銀行股股價在一九七二年果然有成長，我購進的銀行股賺了五〇%，有些比較先知先覺的銀行也籌到了額外的資金。假如根據帳面資產溢價籌措資金的過程得以成立，銀行界就可以在穩固的基礎上擴張，並遵循近乎平衡的軌跡演進，但不幸地，整個過程還未眞正開始就發生了一九七三年全球第一次石油危機。於是通貨膨脹轉劇，利率攀升，同時一三%的資本利潤率並不足以使銀行溢價出售股票。第一次石油危機過後，流往產油國的資金大幅增加，這就是所謂油元再循環（Petrodollar Recycling）的開端，所謂國際貸款熱潮也從此開始，直至一九八二年的墨西哥危機發生後才結束。你可以看到，美國銀行體制從一個極端走向另一極端，竟然在一九七二年錯失了安然進入近乎平衡成長的機會，美國銀行業的盛衰也就是蘇聯盛衰的寫照。

這實在讓人嘆為觀止。我怎麼也想不到蘇聯和美國的銀行制度竟是平行的現象。

這滿有趣的。不過不能讓這種類比走過了頭，在現實世界中，是很難找到孤立的大起大落過程的。蘇聯制度和美國的銀行體制有足夠的重要性，孤立的程度也很高，因此他們可以展現完整的大起大落過程的特色，這就是他們相似的地方。這兩個例子是極有意思的理論樣本，原因是他們不但展現了大起大落過程並不僅僅從近乎平衡走向動態不平衡，而是還包括了靜態不平衡的內涵。假如出現了靜態不平衡，所謂加速階段就會以僵化、惡化的面目出現，但千萬不要以爲完整的大起大落過程俯拾皆是，事實上它們是難得一見的。制度系統並不在孤立中運作。每一種制度、每一種系統，都有所謂次系統，而各種制度系統也只是現實的一磚一石而已。各種制度系統和次制度、次系統之間也是互相影響的。

最近科學有了一些新進展，有人稱之爲複雜性科學、演進系統論或混沌理論。假如要了解歷史過程，這一套分析方法比傳統方法有用。但很不幸地，分析科學對我們世界觀的影響太深遠了，反而對我們不利。經濟學希望成爲一門分析科學，但所有歷史過程，包括金融市場展現的歷史過程，都是很複雜、不能在分析科學的基礎上理解的。我們需要新方法，而我的反射論則是朝建立新方法走出的第一步，我們不應該太重視大起大落的模式，這種模式可供說明之用，但不應該成爲塑造現實的模子。現在也有不少過程在進行中，其中有動態的、靜態的或近乎平衡的，它們之間的互動又引起類似的過程。

這愈來愈抽象了，可否列舉一些比較具體的例證。

樂意得很，但首先我要作一般的說明。針對所謂不平衡的情況，經濟學家往往談什麼震波、什麼外來影響，我證明了孤立的大起大落事件大致是存在的，我希望我的說法已經證明了不平衡未必是由外而內的。換言之，金融市場本質上是不穩定的，認為理論上的平衡可以佔上風的想法，其實只是我們欠周延的理解帶來的幻覺。

第五章　理論的實踐

可否說明你如何把大起大落論應用在金融市場上？是否可以引用你最著名的一役為例說明，你當時是如何利用英鎊危機的？

你也知道英鎊是歐洲匯率機制的組成部分之一，歐洲匯率機制在近乎平衡狀態中運作了相當長的一段時期。事實上，歐洲匯率機制是一個很高明、很複雜的制度，可以容許頻繁的調整，但這些調整又不會太過分，以避免像我這種投機分子趁機發大財，所以這是一個近乎平衡的制度，匯率機制最了不起也只能這樣了。

後來，蘇聯解體，德國統一，於是整個制度陷入動態不平衡。根據我的理論，所有匯率制度都是有缺陷的。歐洲匯率機制也難免有潛在的缺陷，但這些缺陷要等到德國統一後才變得明顯。這缺陷就是西德中央銀行在此一制度中所扮演的雙重角色，其一是歐洲匯率制度的中流砥柱，其二就是西德憲法規定的西德馬克穩定守護神。在近乎平衡狀態中，西德中央銀行扮演這種雙重角色，一點也不困難。但德國統一後，東德貨幣以過高的匯率兌換西德馬克，於是西德中央銀行的雙重角色發生牴觸。

是不是東德馬克和西德馬克之間的兌換率有其政治目的，而與經濟現實關係不大？

一點也不錯。西德向東德大規模注入資金，在德國經濟之內造成了強大的通貨膨脹壓力。西德憲法——不僅僅是西德法律——規定中央銀行要提高利率，以抵銷通膨壓力，中央銀行果然如此做，而且做得還滿盡力的。但在當時，歐洲——特別是英國——還在經濟衰退的深淵中，德國的高利率對當時英國的經濟狀況是完全不合時宜的。在德國憲法下，德國中央銀行發生角色衝突，兩種角色何者應該優先，我想這個問題根本問都不用問了。於是，德國在整個歐洲進入經濟衰退時採緊縮的貨幣政策，遂失去成為歐洲匯率機制中流砥柱的資格，於是一直在近乎平衡狀態中運作的歐洲匯率機制，頓時就陷入動態不平衡的狀態中。

其他衝突也使當時的局勢惡化。德國總理柯爾和德國中央銀行在東德馬克兌西德馬克的匯率問題上也起了齟齬，雙方對如何彌補政府財政赤字問題也意見相左，但這些衝突有更深的根源。

蘇聯解體之際，柯爾找了法國總統密特朗商量，他告訴密特朗，他希望德國的統一是以整個歐洲爲背景的。他們也同意，歐洲共同市場的結構必須加強，但英國首相柴契爾夫人卻不同意。於是各方開始了艱苦的談判，結果促成了（規範歐洲統合的）馬斯垂克條約。馬斯垂克條約規定建立一種機制，以便日後實行歐洲單一貨幣制度，但這個構想其實是很有缺陷的。

建議中的歐洲單一共同貨幣（EMU）爲德國中央銀行敲響喪鐘，原因是日後還有一個歐洲中央銀行凌駕於德國央行之上。也許可以這麼說，歐洲中央銀行繼承了德國中央銀行的精神，但對德國中央銀行這種很有影響力的機構來說，這說法談不上是什麼慰藉。大機構似乎都與生俱來地希望永續存在，比起其他有機組織，大機構似乎更有尋求永續經營的意志，但馬斯垂克條約威脅到德國中央銀行的生存。

所以當時引起衝突的不是一個問題，而是三個問題。其一是德國要實行和歐洲其他國家不同的貨幣政策；其二是德國中央銀行實行的並非是德國總理柯爾選擇的財政政策；其三是德國中央銀行要爲生存而戰。依我看，理解第三項衝突的人最少，但這些衝突卻是最有決定性的。在靜態的表面下這些衝突慢慢升溫。德國在一九九〇年統一，但危機到了一九九二年才爆發。不過，注意此事的人即是可看到危機逐步展開過程的。

請你談談一九九二年九月危機爆發以前的各項事件，你什麼時候開始察覺到英鎊馬上要崩潰了？

德國中央銀行總裁史萊辛格向一群名流發表演說，我從他的演說中得知內情一二。他說，假如投資者認爲歐元是一籃子固定的貨幣，那就大錯特錯了。事實上，他當時話中有話，他針對的是義大利貨幣里拉的積弱不振。事後我問他喜不喜歡使用歐元作爲一種貨幣，他說，他喜歡歐元的構想，但他不喜歡歐元這名稱，假如歐元稱爲馬克，他會比較喜歡。

這透露了一些端倪。換言之，我們最好拋空里拉，而且事實上，里拉果然在不久之後就被迫退出匯率機制。這一點也透露了另一種消息，就是英鎊也是脆弱的。我們在拋空里拉後賺到的錢也讓我們在英鎊方面冒風險時獲得一點保障。我現在記不起整件事的過程了，我記憶力很不好，所以我比較傾向處理未來的事，而不是過去的事。我只記得丹麥表決否決了馬斯垂克條約，以及法國舉行公民投票前周末的緊張談判，壓力不斷升高，整個局面也變得緊張刺激。高潮是英國政府決定把利率調高二個百分點，以捍衛英鎊，但這只是英國的孤注一擲，說明了英國的做法站不住脚，也鼓勵我們更積極地拋售英鎊。最後，英國在中午調高利率，晚上，英鎊就退出匯率機制。

批評你的人認為，英國的做法是對的，假如不是你們一夥人趁機攪局，整個下午都在拋空英鎊，英國政府的措施是會奏效的。

這個嘛，首先，英國的行動是站不住脚的，原因是假如它是對的話，我們的「攪局」就不會把英鎊擠出匯率機制之外。第二，也不只有我們在玩這場遊戲，即使世上沒有我這個人，這個過程還是會按照原來的樣子進行。我們可能在整個事件到了最後英格蘭銀行調高利率時才起一點作用，原因是到了那一點的時候，有些市場參與者可能開始猶豫了，我們的果斷行動可能又使整群人繼續放手一搏。我們也許加快了整個過程的步伐，但我認爲不論有沒有我們，這件事總會發生的。

這和你的理論有何關連？

一個在近乎平衡的狀態中運作多時的制度——歐洲匯率機制，陷入動態不平衡，可是另有一個我還未提到的因素，也使當時的局面惡化，這就是市場參與者對市場的知覺有缺失的這一點。假如你還記得的話，機構投資人預測歐洲貨幣統合在一個連續的過程中完成，因此他們認爲，匯率的波動將比過去還要少。於是大家都一窩蜂地搶購弱勢貨幣的高收益債券，這一點使匯率機制變得僵化，於是就更容易出現徹底的崩潰，而無法逐步調整。

當時大家都認為局面只是在逐步上升，而你卻看到巨大的差距正在形成。你洞察到這是規模很大的不平衡，所以你覺得這是把槓桿原理運用到極致的大好良機？

一點也不錯。我當時已經準備面對體制的改變，其他人則還在現行體制之內運作。我常常覺察情況可以隨時徹底改變，當時就是這種知覺派上用場的時候。假如你還記得的話，那時英國政府到最後還是向國人保證匯率機制穩如泰山，英國政府此舉可能影響了好些投資者，但卻無法說服我。

結果你是對的，英鎊果然崩盤，你因此賺了不少錢，事後引起不少人注意。過去別人對你的注意遠不如這一次，不過其中也有些人對你有看法。所以這次行動雖然賺錢，你卻因此遭到攻擊。你對此有何反應？

我一生中爲了不少訴求奮鬥過，我也不特別喜歡爲貨幣投機辯護，我只把它視爲一種必要的罪惡。我想貨幣投機比貨幣限制好一點，但最好的還是貨幣統一。我的自辯是我的運作循規蹈矩，假如規範失靈，表示我的錯，我只是一個守法的市場參與者，錯是訂立規範者的錯。我想這立場是很妥當、很合理的，別人只管把我叫作投機者，我不會因此感到良心不安。不過，我剛剛不是說了嗎，我也不會發起一項運動爲投機辯護，我還有更重要的仗要打。我想當局有責任設計不讓投機者得到好處的制度，投機者得到好處，那就表示當局有了疏失的地方。問題是他們不願意認錯，他們寧可大聲疾呼要吊死投機者，也不願意多反省看看到底哪裡出了錯。

我們能不能說你這一次把反射理論發揮到一個新的境界？本來市場參與者可以影響事件的結果，但這次卻是市場參與者製作事件的結果。好像你的理論在告訴你：「這是一個很脆弱的局面，假如你的行動規模夠大，你可以從預定就決定了整件事的結果。」

結果也不能完全算得上是預定的。從現在往當時看，結果是預定的，但在事前看，結果並不是預定的。投機不是沒有風險的，而且結果也不是那麼有把握的，不過我們的行動並不是自主的，我們聽命於我們的主人——德國中央銀行。也許我們比別人更明白我們的主人到底是誰，也可能我們的耳朵聽風聲比別人聽得靈，但我們很有把握主持這項行動的主人是誰。我們相信德國中央銀行決心打垮匯率機制，以保存歐洲貨幣政策主宰者的地位，也許我們錯了，但這謬誤卻含有很豐富的養分。

不過，遊戲還未結束，歐洲貨幣聯盟對德國中央銀行仍構成威脅。我們在這裡談話，有人卻全力搜捕獵物。美元弱勢持續，部分原因是墨西哥危機，而美國經濟軟化也是原因之一；但德國中央銀行立場強硬，剛發表了季報，暗示將不理會國際形勢而進一步縮緊德國的貨幣政策。此舉的結果將是：德國馬克對所有歐洲貨幣都形成強勢，法國法郎也在下挫中，原因是法國國內的醜聞和總理巴拉杜的聲望下挫。經過墨西哥危機後，義大利出現資金外流的現象，這些國家爲了支撐本國貨幣，將大舉拋售美元，使美元兌馬克匯率進一步下滑，這本來是一個自我加強的循環，而德國中央銀行也推波助瀾。我們現在已經進入另一個貨幣波動時期，現在就要看德國中央銀行給了我們什麼啓示，原因是德國中央銀行是貨幣市場中勢力最大的機構。

一般人認為，投機者的勢力比政府還大，你的說法和這種看法恰好相反。

針對德國中央銀行而言，我們的看法的確和流行的看法相反，他們奏樂，我們只能聞歌起舞。

很多人認為你可以左右市場。

經過英鎊危機後，很多人稱我爲「打垮英鎊的人」，這也就是何以有人認爲我可以左右市場的原因。但在英鎊危機過程中，我只是一群人中的一員而已，也許我比別人更有分量或更成功，但我也只是許多人中的一人而已。即使到現在，認爲我有影響力也只不過是一種幻覺而已。也許某一市場動向會和我的名字掛上鉤，就好像以前和黃金掛鉤一樣，但假如我們企圖違逆市場行事，我們就會被打倒，不過這也是屢見不鮮的事，最近的一次則和日圓有關。

事實上，市場確實對我的一言一行都很注意，但我們的眞正行動卻往往被謠言埋沒了。由於我的言論有可能影響市場，我現在的處境就有點獨特，我講話必須很小心，這使我的生活變得有點複雜。

我看不出為什麼會這樣。

由於我相信金融市場本質上是不穩定的，所以我更要小心不要製造不穩定。舉例言之，當法國法郎遭到壓力時，我的確相信我也可以把它打垮，假如我加入戰局的話，但這種想法卻使我做了一件蠢事：我決定不針對法郎進行投機，以便提出我所謂的建設性建議，結果反而禍不單行，一方面我錯失了賺錢的大好機會，同時還得罪了法國當局。假如我投機，他們還不至於比聽到我的建議更感不快。於是我得到了這樣的教訓：投機者不要多話，一心投機就好了。

最後你說你不要袖手旁觀了，結果你也賺了些錢。

賺得不多，當時賺錢的機會已經很渺茫了。

假如現在看到賺錢的機會，你一定不會放過，對嗎？

對，我上次已經得到教訓了。但我現在執意不公開發表言論，也許我連和你談都不應該，但到本書出版時，事情都已經逐一展現了，所以我現在說的不致對市場有影響。

但你事實上也公開發表言論。

我現在只是在爲了公衆利益時才公開發表言論。舉例言之，我主張歐洲實行單一貨幣，我的理論是，所有匯率機制都是有缺陷的，要維持一個共同市場，唯一的途徑就是實行單一共同貨幣。我猜透過一個逐步整合的過程建立單一共同貨幣是行不通的，原因是分歧是大勢所趨。要建立單一共同貨幣，必須要作成政治決定，透過一個停止流通過程，同時還要定下實行單一貨幣的目標日期。

我們談到英鎊危機作為歐洲不平衡狀況的一個例子。但在一九八〇年代末期，日本開始出現泡沫經濟，這當然是不平衡現象的遠東版了。你可否為我們詮釋這現象，並說明一下日本如何可以納入這個大起大落的模式中。而相對於日本，我們在這個模式中的位置到底如何。

這是一個很沉痛的問題。在一九八〇年代中期就看到日本的金融泡沫發展起來，當時我猜這個泡沫會破滅。於是我在股市賣空，原因是我認爲一九八七年的崩盤會從日本開始。但結果崩盤從美國開始，我在日本賣空了，在美國卻超買，當時可謂受挫不輕，但這大起大落的性質還是很鮮明的。

日本的儲蓄率很高，日圓也很強勢，通貨膨脹率和利率都很低，股票票面價格卻很高，於是日本企業就可以以很低的成本籌措資金，這成爲他們的競爭優勢之一。當時日本土地供應有限，而且嚴格的法規——例如限制興建高樓層建築物的陽光法案——使土地供應不足的問題日趨嚴重，於是房屋價格上升的速度比薪水調高的速度快，人們爲了買房子，只好把更大一部分的收入儲蓄起來。這就形成了一個自我加強的過程，這個過程把儲蓄率提高到極致，又把生活水準壓到最低。這是一部機器，其作用在使日本經濟成爲世界經濟的龍頭老大，但同時使日本人不斷努力工作，幾乎不問生活的報酬。事實上，這是很有效的一部機器，使日本在每一方面都有競爭優勢，但一如其他自我加強的過程一樣，這部機器也有缺陷，就是拉大了有房子的人和沒有房子的人之間的距離，這種距離成爲一股分化社會的力量。對現行制度的不滿不斷累積，終於引起政治動盪，自民黨的主導地位也不保，改朝換代的過程也啓動起來。在這種情形出現前，房地產暴漲情況比股票上漲情況還要驚人。結果這個泡沫被戳破了，房地產市場崩潰，崩盤的嚴重程度也比股市的下挫厲害。

我猜錯的是崩盤的時間，導致我在一九八七年也受創非輕。一九八七年之後，日本出現了人爲的房地產景氣。當時日本大藏省（相當於財政部）爲了避免景氣大跌，因此出馬支撐市場，然而蓄意向全世界釋出流動資金。記得當時我和一位日本官員碰面，他向我說得很明白。據他說，一九八七年的崩盤後果和一九二九年的情況不同，因爲日本準備挺身而出，向世界各國提供流動資金。換言之，日本人希望他們的金融實力趕上他們的工業實力。一九八七年之後，日本各銀行成了世界主要的貨幣機構，三菱地產還買進了洛克斐勒中心。但這次日本把戰線拉得太長了，日本的經濟泡沫不斷膨脹，海外貸款和投資也搞砸了，到了日本中央銀行把金融泡沫縮小時，日本各銀行背了巨額壞帳，到現在還受累不淺。日本大部分的海外投資成績都不好，這是最近日本資金大規模回流的原因之一。最後股市下挫時，我們還可以得到一點好處，我記得股市在一九九〇年開始下挫，但我也得稱讚日本人，他們可以慢慢把泡沫井然有序地縮小，而不致一下子就破滅，這個泡沫也許是有史以來最大的泡沫，但日本人竟然可以井然有序地讓它縮小，而不至於釀成大禍。

日本股市景氣疲弱不振的局面結束了嗎？

我們過去也這麼想，可是最近我們的看法改變了。一九九四年大部分時間，我們在日本股市是買超的。

你那時為什麼看漲？

我們當時的想法是日圓已經經過大幅調整，何況日本經濟衰退也有三年的時間了，土地價格已經下挫，銀行也熬過了一段艱難時期，同時股市也下挫了過半。日本爲了適應環境的改變，已經把一部分需要廉價勞動力的產能外移，特別是外移到廉價勞動充足的東亞國家。

在一九九四年初，我們的推論是日本股市將止跌回升，原因是日本經濟馬上就要開始復甦了。當時流動資金充斥，我們覺得有一部分流動資金將注入股市，事實上我們在日本股市超買也賺了錢。

你當時不覺得這是另一個大起大落過程的開始嗎？

完全不覺得。當時也有幾股制衡力量在發生作用。一方面，循環復甦可能出現，股價可能因此上揚，但另一面，當時也發生了結構性改革，這些結構性改革對經過或未經過大起大落股票的估價有消極影響。但日圓強勢，把收益壓了下去，抑制了經濟活動，更縮短了復甦的過程。當時並沒有明顯的走勢，我們也看不出任何結果，只是在暗中摸索，市場適合進行交易、適合選股，但也適合觀望。

你看不清形勢時寧可作壁上觀，是嗎？

不錯。記得嗎，成熟的大起大落過程是很罕見的。市場時起時落，人們有時有某種看法，有時放棄某一種看法，假如可以的話，我們總設法把握機會，但假如無法把握機會時，則最好不要去冒險。

你在日本進行交易時如何應用這種觀點？

我們憑循環復甦的看法賺了點錢，但後來日元強勢，我們把投資脫手，跟著又試試看，結果賠了點錢。一九九五年我們虧錢，但大體而言，我們的盈虧扯平了。這說明假如你不是思慮清明時，最好什麼事也不要做，甚至只是隨便到外面走走，也很容易遇上搶匪，原因是你那時不會有足夠的耐力，一些無關宏旨的波動也可能讓你受騙。你沒有主見，就不能理直氣壯地行事。我的老友維多・尼達荷法說得好，市場老是打垮弱者，所謂弱者就是沒有主見的人。你要有主見，然後才不會受騙，但假如你的主見是錯的，有主見也被弄到破產，所以我比較願意在我有一些有根據的主見時才採取行動。

你常在市場混亂時採取行動，但你是有主見的。

這就是目前在日本的情形。

你有什麼看法？

我們認為，市場快要開始另一次下挫的過程。

何以見得呢？

主要是因為日圓的問題。過去日圓在九十五日圓至一〇五日圓兌一美元的幅度之內交易，股市也在一定的幅度之內起落，但最近日圓打破這個交易幅度，我們預測股市跟著會有同樣情形出現。有關方面現正設法合力使日經指數不致在三月底日本會計年度結束前跌至一萬六千點以下，但我認為這種做法不能無止境地繼續下去，畢竟把日圓兌美元的匯率限定在一定幅度之內的方法已證明失敗。日圓強勢，就把營收和資產值壓下去，這一點就足以使股市像一九八九年至一九九三年間一樣下挫。也許可以這麼說，日本尋求維持現行金融制度的努力並未奏效，而且其他比金融結構更深遠的改變也正在醞釀中。

這預測可謂駭人聽聞。

這不是預測，這是一種推論，甚至只是一種初步的推論。過去我一直都在日本市場超買，直至今年稍早時才停手，但我們願意支持這種推論，原因是根據此一推論，風險和報酬的比例是很划算的。

你所謂的現行金融制度，到底指的是什麼？

我指的是一種由大藏省主導，很多機構——包括銀行、經紀商、信託銀行和保險公司等參與的制度，而這些機構都是唯大藏省馬首是瞻的，市場信號反而要退居其次。但這個制度也只是整體制度的一部分，而這個整體制度的基礎則是所謂主導權，但前者已經開始在整體制度之內釀成氣候了。當工業奇蹟在日本出現之初，通產省是很有影響力的，近年來，大藏省已經成了整個結構的龍頭老大，但大藏省卻表現奇差。工業部門的巨額盈餘，到了金融部門手中全都浪費掉了。日本本來宏謀偉略是要繼十九世紀的英國以後成爲世界各國的資本家，但卻畫虎不成，無功而退，反而其國內的資產泡沫被迫縮小。該國金融部門本來有大量所謂的隱藏資產，這都是日本工業奇蹟的成果，但這些隱藏資產現在都煙消雲散了。這些資產的數量非常可觀，也因此拖這麼久的時間才能完全煙消雲散。我想大藏省和這些機構根本不知道他們出了什麼狀況，他們感到不安，但他們還沒完全察覺到他們的困境。不過，金融部門的表現這麼差，倒不是一件教人很意外的事。引導他們的是帳面價值，而非市場價值，他們追隨的是錯誤的信號，他們習慣按規定辦事，而大藏省在頒布規定方面，可是駕輕就熟的。大藏省的官員都是官僚，官僚卻不適合在市場之內運作，這一點倒和法國很類似，看看法國里昂信貸銀行的情形就知道。

我想我這一輩子都可能摸不清日本金融機構的眞正想法。他們很能花時間應付規章條文，而不花時間應付這個眞實世界。這方面的例子太少，但太技術性了，我也並不完全了解日本的規章條文。舉例言之，大藏省有一條規定，允許金融機構按成本持有政府債券，但外國債券則要按行情標價，假如外匯損失超過一五％，就必須具結。這就是促成海外投資回流日本及日圓強勢的重要因素之一，顯然私人募集和櫃臺買賣是不必按行情標價的，於是就可以溢價出售，這正好和一般人的預期相反。

要在市場成功，就不能率性行事。除了這一點，還有衍生性工具出現的問題。衍生性商品的作用之一，就是規避規章條文。最初外國經紀商向日本金融機構介紹衍生性商品時，就有點像白人最初教印第安人喝酒的情形一樣，我不知道日本金融機構的帳冊裡有多少衍生性商品，但衍生性商品卻把本來已經夠複雜的隱瞞帳項問題變得更複雜。

但日本的金融制度不應會崩潰的，大藏省一定會設法維持這個制度，而且在這方面一直都很成功。

他們的成功主要歸功於日圓。日本當局一直想辦法把日圓壓下去，但他們辦不到。日圓強勢對營收和經濟活動都是不利的，這種情況的正式名稱是「通貨收縮」。日圓強勢的效果和金融泡沫的效果恰好相反。其國內物價和利潤率相繼下降，貨物銷售也縮減，工人獎金減少，消費者則省吃儉用。實質利率很高，但當局卻束手無策，雖然不樂意，卻也要開始考慮降低貼現率，不過降低貼現率也會引起別的問題。在日本有不少人靠儲蓄過日子，但假如郵儲的利率降低，他們的收入就會受到影響。此外，日本的保險公司大量出售年金，而且還保證四・七五%的利率，於是都要虧本，都要籌措現金。在盈利不足百分之一的情形下，股票還是能以盈利五十倍的價錢出售。有誰能夠吸納出售的股票呢？很奇怪，最近都是外國人在買。日圓匯價升高後，總算抵銷了他們在股市損失的一部分。現在日圓的匯率如此，他們還會再買嗎？

那是日本，美國市場又如何？

前景不俗，而且還會更好。

讓我們談談基金在美國扮演的角色。現在投進股票共同基金的資金比過去任何一個時期都要多，基金業的規模從一九五〇年代的五百億美元擴大到現在的二兆美元。從一九九〇年代初開始，個人投資者投資基金甚為踴躍。

這些基金不少都未經考驗，未經過什麼風浪。

這些投資者也沒什麼經驗，但迄今他們也沒吃什麼大虧。任何市場循環中都不免會有走過頭的地方，現在人們又開始走過頭了，根據你的理論，你對此有何看法？

這將是一個新的大起大落過程，這一點是很明顯的。現在基金投資者想要更改其投資標的甚爲方便，只要撥一通電話就可以把投資從股票型基金轉到貨幣市場基金，目前這種資金流進股票基金的活躍情形，主要原因是利率下降，從貨幣市場基金和銀行定存所得到的獲利並不理想。但許多基金投資人對股票市場不熟悉，他們不能完全明白其中風險。現在利率又開始調高，人們很有可能又把投資轉回貨幣市場基金。在股票市場方面，利率調高，股價就不容上揚；但在貨幣市場方面，投資者的收益卻會增加。無疑的這方面出現了大起，因此很有可能以大落作結。但我們必須緊記的一點是，事情如何串連起來沒有必然的模式，所以大起之後也未必一定是大落。大落必須靠一些事件觸發才會發生。所以大落過程中不出現高速崩盤也很有可能：假如經濟持續成長，這種走過了頭的傾向也可能透過貨幣市場逐步的轉投資而得到紓解。

你意識到現在是一個危險期，這一點很正確。不過，你更可以指明富達基金，或更具體地指出麥哲倫基金將是震央，一如一九七二至七四年間大起大落過程中的摩根信託和花旗銀行一樣。

但麥哲倫基金代表的風險已經是衆所周知的新聞，因此市場不會被弄到措手不及，不過這並不表示不會出現瓦解的過程。有些事情的發展走向是很淸楚的，但事情照樣發生——第二次世界大戰爆發和一九八二年的危機不都是這樣嗎？現在新興市場也有一個類似的危險在醞釀中。一九九四年市況大起的情況即將結束時，股票基金中一部分的資金，大概三分之一左右，流進了新興市場基金。本質上，新興市場是規模較小、而且也未經過什麼大起大落，於是相對而言，美國共同基金在新興市場上的分量就很大了。現在走下坡的情形已經開始，但我想這還有很長的一段時間要走，這個走下坡的過程是墨西哥危機啓動的。但在國內股市方面，我沒有很大的把握崩盤會出現，原因是我現在還看不出有什麼可以觸發崩盤的。事實上，看漲的行情持續了那麼久，原因卻是墨西哥危機。

墨西哥的情形看來是一個典型的大起大落過程。這個危機很重要的一點是投資墨西哥的人中，很多對墨西哥披索的幣值過高這一點懵然不知。請你說明一下墨西哥問題，更重要的是說明這個問題對新興市場及較成熟市場的意義。

海外投資一般都和大起大落過程結下不解之緣，我從一開始入行就開始做海外投資生意了，因此看過不少循環。我很早就認爲，假如在海外投資的人行事一窩蜂，往往都是錯誤的。不但在一九五〇年代末期和一九六〇年代初期買進歐洲證券的投資者是這樣——結果他們被一九六二年的利益平等稅害慘了，在一九七二年購買日本證券的美國機構投資者也不免如此；在一九八〇年代末期和一九九〇年代初期進行海外投資的日本金融機構，也逃不出此一原則。不過，日本撤回海外投資倒是日圓在一九九四年強勢的原因。一九九四年達到高潮的全球投資熱潮，也難逃此一法則的限制，一九九四年的全球投資熱潮是我見到的最厲害的大起過程，我想日後的大落也會同樣嚴重，這是我一生中所見最接近一九二九年大崩盤的一件事。

你是不是說墨西哥只是倒下去的第一張骨牌而已，日後還有更多國家相繼倒下去？

墨西哥危機當然有其長遠的影響，特別是在拉丁美洲之內。墨西哥問題引起的損失難以估計，但肯定對整個世界和金融市場都爲禍甚烈。我個人的看法是墨西哥問題不但可以使國際金融制度解體，也可以使國際貿易制度崩潰。

為什麼那麼多投資者被墨西哥危機打個措手不及，我想問題已經醞釀很多年了？

在一九九四年初問題顯然已經暴露出來，麻省理工學院教授敦布希在當年二月已經很清楚地指出墨西哥必須讓貨幣貶值，敦布希還是當時在墨西哥掌權的一些技術官僚的老師哩。

但沒有人理會他的論調。當時市況不斷看漲，投資者對墨西哥信心十足，一如他們在一九六〇年代末期對新興股票信心十足的情形一樣。

現在回過頭來看當時的情形，是不難解釋的。當時墨西哥希望北美自由貿易協定付諸實行，遂欲爭取美國國內民衆的支持，要爭取美國國內支持，最佳途徑莫如出現巨額貿易赤字。之後，墨西哥舉行選舉。在選舉之前，墨西哥的民主程度已經有所提升，因此選舉結果就變得很難預料。前任總統馬古爾在把權力移交給總統當選人薩林納斯之前，本來可以採取任何不受歡迎的措施，原因之一是很多人認爲薩林納斯是靠選舉舞弊當選的。但在薩林納斯任內，墨西哥民主抬頭，薩林納斯擔心假如在選前宣布貨幣貶值，他的繼任人當選希望就會大打折扣。一九九四年一月，墨西哥總統候選人柯洛席歐遇刺身亡，嘉巴斯州印地安人又發動暴亂，當時墨西哥政局非常不穩，不少人認爲貨幣貶值將對選舉產生不良後果。選舉過後，權利尚未移交之際，薩林納斯本來還可以宣布貨幣貶值的，但他當時又要角逐世界貿易組織首腦，所以他不想把他的政績弄得不好看。最糟糕的是，那些表現傑出、借助外來投資把墨西哥的地位從第三世界提升至第一世界的技術官僚，竟然開始相信他們自己的法力了。魔術師最糟糕的事，就是相信他們本身的法力，雖然幻象與現實之間的差距已逐漸大到無法控制了，但他們還是繼續支撐這股熱潮。投資者開始對持有披索面值的債券不放心，因此墨西哥政府改而用美元舉債。於是，假如披索一旦貶值，墨西哥的形勢就更形脆弱。終於，披索貶值了，但也已太遲，墨西哥當時的外匯存底已經蕩然無存；墨西哥積欠的債務以美元計算沒有變動，但以披索計算數額就大幅膨脹，外界遂對墨西哥政府及私營部門的財政狀況和信用信心動搖，披索貶值一五％，使外資倉皇撤走，整個匯率制度在一天之內完全失守，結果披索在失去支撐之後，幣值下降了二五％，於是危機出現。

我聽了你這番話，不禁不寒而慄，擁有最優秀財政管理部門的國家，卻身陷極嚴重的財政困難，墨西哥財政部門的陣容本來是很強的。而剛剛所談日本大藏省的一番話也讓我印象深刻。

你還記得巴西的狄爾芬・尼托嗎？此人是巴西在一九七〇年代景氣的「設計師」，但結果這股景氣在一九八二年崩盤。用劍的人必定死於劍下，過去我對墨西哥人和日本人對反對理論的解釋很欣賞，但我現在發現他們忘記了最重要的一點：就是承認自己也會出錯。

這種事情要拖好幾年才能解決，對不對？

問題是能不能解決「根本」。美國和國際貨幣機構覺得，假如墨西哥不償還或延期償還債務——事實上，這在一九八二年也發生過——整個國際市場就會出現動盪，於是他們展開營救，但他們的營救方案是很拙劣的。

有什麼不對嗎？

他們的行動太過緩慢，他們也各自爲政，沒有很好的配合，動員的資源也不足。假如他們動作快一點，而且行動也夠果斷，根本不需要那麼多資源，但他們錯失了穩住市場人心的機會，無法強力穩住披索。要制訂一個營救方案得花時間，美國財政部覺得要徵求國會同意，但國會猶豫不決，於是財政部只好乞靈於匯率穩定基金，但事實上，財政部早就該動用匯率穩定基金了。他們也沒有尋求歐洲和日本的支持，以致局勢不斷惡化。披索的貶值是自我加強的，原因是幣值愈下挫，墨西哥銀行體系的地位就愈岌岌可危，外資也逃得愈快，最後國際貨幣機構也緊張起來，忙不迭煞車，五二〇億美元的營救方案，到後來數額就可能減少很多。

你覺得墨西哥會採取必要的內部措施解決這個危機嗎？

在外國壓力下，他們只好吃點苦頭，但他們一直抗拒。他們將利率提高到五〇%至七〇%之間，不過這種對策是自敗的，日後墨西哥經濟將嚴重衰退，引起無法估量的政治和社會後果。

要了解，墨西哥危機所代表的意義比一九八二年的危機更難掌握，原因是一九八二年時，債權人是銀行，當時國際貨幣機構可以向墨西哥的銀行施壓，要他們放棄欠債者尙未繳淸的利息，換言之，國際貨幣機構要求墨西哥的銀行繼續提供貸款，讓欠債的人有錢償還利息。於是，自主的貸款行爲被我所謂的「集體貸款體系」取代，而此舉的確有效。但現在根本不能向市場的投資者施加這種壓力，原因是他們收到錢以後，就很難指望他們繼續投資，所以市場債務比銀行債務更難處理。

本來應該採取什麼行動，是不是我們本來就不該插手？

最理想的做法是，讓墨西哥把美元面額的國庫券轉換成長期的債項，然後才提出營救方案，而墨西哥的銀行體系仍可繼續生存。美國根本不應該挽救冒風險賺大錢的墨西哥國庫券持有者，他們本來就有義務自行承擔後果，假如這樣做，營救墨西哥所需的錢反而會少很多，而國際貨幣機構就可以有更多資源營救其他國家。不過，話說回來，這種行動是很難協調的。問題是假如美國投資者的利益受損，財政部有可能支持墨西哥嗎？墨西哥決定延期償還欠債後，墨西哥的銀行可以繼續提供貸款嗎？如此可以避免其他市場也出現恐慌嗎？現在回想起來，我覺得與其進行一項失敗的營救行動，不如面對這一連串的問題。這些問題都是很傷腦筋的問題，不論當局採取哪種手法，他們都很難避免受到批評。

以後會怎樣？

這個問題我不應該回答的，原因是不論我怎麼說，我都趕不上事情發生的速度。目前是這個金融危機最深重的時候，營救方案疲弱乏力，實在不足以穩定市場的信心，而墨西哥政府則心有餘悸。目前是有高利率可以煞住外資撤走的恐慌，但高利率也對墨西哥經濟和銀行體系造成很嚴重的損害，而這一點只會鼓勵外資趕快撤退。假如這個金融危機最後成爲過去，在本書問世時，政治和社會的後遺症將達到最高點，屆時人們就開始感受經濟衰退的全部效應了。値得一提的是，墨西哥工人可以得到三個月的月薪資遣。假如墨西哥經濟賴以生存的是對美國的巨額貿易赤字。則當政治和社會危機成爲過去，美國就反受其累了。這對美國股市和債券市場有點正面作用，可以使經濟稍稍冷卻，同時把部分物價壓下去，但政界人物注意的往往是負面的影響，特別是就業機會減少和不公平的勞工競爭問題，這將成爲一九九六年選舉的重要話題，假如美國再朝保護主義走，一九三〇年的大衰退就會重演。

假如墨西哥的情況就像你說的那麼嚴重，別的國家會受到怎樣的電波波及呢？

拉丁美洲就已經被折騰得很慘了。所有的債務工具都以很高的報酬收益吸引人，巴西的股價下挫了七成以上，經過墨西哥的危機後，下一個就輪到阿根廷。阿根廷使用的是貨幣委員會制度，其缺乏彈性，一如十九世紀的金本位制度一樣。要發行貨幣，首先必須把同等價值的美金存進貨幣委員會，銀行接受存款，則必須按存款額在貨幣委員會準備起碼的準備金，這可說是保護匯率的一種制度，因爲假如阿根廷披索兌換成美元，或是從銀行提走存款時，利率自然就會攀升。理論上，所有當地貨幣都可以在不影響匯率的情形下兌換爲美元，只有利率會被推高到天文數字。這種情形現在已經開始發生了。阿根廷經濟不論從哪一方面來說都已經美元化了，但即使以美元計算，利率都高得離了譜，原因是存款不斷從銀行提走。所以阿根廷的危機將是銀行業危機，而不是貶值問題，原因是銀行收不到客戶支付的利息，更不用提收回本金了。利率上揚時，債券價格和股價就下滑，於是銀行只好追加保證金，強迫清算只會使恐慌惡化。這就是目前的情形。這個危機暴露了貨幣委員會制度的弱點，就是並沒有所謂最終的放款人。這是十九世紀金本位制度所欠缺的一點，於是才促成了中共銀行的成立和金本位制度的棄守。現在又來一次歷史重演，阿根廷當局現在向實力較差的銀行拋出一條救生索，說服了大銀行把寄存在貨幣委員會的起碼準備金移轉到小銀行的戶頭裏，但這是很危險的事，因爲一顆老鼠屎足以壞了一鍋米飯。到墨西哥危機一發不可收拾時，阿根廷的問題也將進入高潮。

在墨西哥問題出現時，我只作壁上觀。但相形之下，我覺得阿根廷是可以有救的。這是一個典型的流動資產危機，因此也有典型的對策，就是找一個最終放款人。阿根廷沒有這樣的一個最終放款人，他們就要到國際社會找，這也就是國際金融機構的任務。美洲開發銀行現在正準備提供十億美元的貸款，供重組省級銀行之用；國際貨幣基金會則要改變其一貫作風，利用其二十億美元的備用款項承辦存款保險。世界銀行也應該提供款項，國際清算銀行則應該提供過渡性融資，允許阿根廷貨幣委員會持有美元面值的債券，做爲其資產的一部分。貨幣委員會只要適時入市，就可以扭轉債券市場的走勢，吸納被迫清算的戶頭，減除銀行的負擔，同時把利率壓下去。這才是有效的營救方案！

巴西的情形又如何？

巴西的問題不大，只是經濟稍稍過熱、幣值稍微偏高而已。巴西也發生過像一九二九年的大崩盤，外債則被恐慌性拋售壓下去了。但巴西的貿易額是可以糾正的，匯率也調了下去，於是貿易順差可能出現。巴西經濟是一個規模頗大的自足經濟，可以自行求生。假如阿根廷都可以生存，巴西自然不會垮。

風暴將會過去，是不是？

假如墨西哥得救，風暴就會過去，但也會留下一大堆垃圾，世界其他地區也將受影響。新興市場蓬勃的景氣已經結束了，但我們也無法回到大崩盤出現以前。

你還預見別的地方出現危機嗎？

有些負債比例高的國家現在也開始感受壓力了，如義大利、瑞典、加拿大、匈牙利和希臘等國就是最顯著的例子。壓力很可能加強，特別是假如墨西哥倒下去。

你沒有提到任何亞洲國家。

我應該提一提菲律賓的，我對中國大陸的局勢也很關心。

中國大陸怎麼了。在所有新興市場中，中國大陸最充滿動力，你的看法如何？

天安門大屠殺過後，我想出一個推論，就是中國大陸的共產主義制度將被一次典型的資本主義者摧毀，現在距離那時已有五年，我的推論馬上就要接受考驗了。

可否說明一下你的推論？

天安門大屠殺之後，中共政權已經失去其合法性。此後，人們所以容忍中共政權，是因中共政權保證人們得到物質富裕，假如中共無法履行這樣的諾言，人們就再也無法容忍他了，這就是中共何以無法解散績效不彰的國有企業的原因，也是中共何以無法控制通貨膨脹的原因。迄今，中共當局一直靠吸納外資維持經濟進展，假如資金的流動方向逆轉，一定會出現天下大亂的局面。政治動亂可以使資金外流惡化，反之亦然。所幸的一點是所有外來投資都是以直接投資方式爲之，而直接投資就比較不容易受到新興市場亂局的影響。只有香港比較容易受到投資組合方向的影響，香港很脆弱，但外國在中國大陸的直接投資是否會下降，並不是那麼肯定的事。現在新的投資承諾在減少中，投資承諾的分配現在開始進入高峰期，假如中共當局要通過考驗，就要增加新的投資承諾。

那幾條小龍的情形又如何？

大部分亞洲國家的情況都比拉丁美洲國家有利，原因是他們的儲蓄率比較高。幾個國家最近提高了利率，這很可能使他們的經濟冷卻一點，同時引起世界經濟成長放緩。

你真的預期世界經濟成長放緩嗎？

不錯，脫序脫節的情形那麼多，總難以避免放緩。

金融市場現在出現了不少亂況。

不錯，那麼多事情發生，那麼多因素起作用，很難把它們逐一分開。美元弱勢，日圓和德國馬克強勢，原因很多，有些因素重疊在一起，有些因素卻可以逐一分開，我試著是不是可以把這一團糾結在一起的因素一一解開。

日圓不斷有升值壓力，原因是資金回流。在恐慌時期，國際投資都傾向流回本國。國際間的組合投資主要來自美國，而接受這些投資的地方多半是美元區國家。所以投資撤走時，對匯率是不會有很大影響的。但反過來看，日本撤回海外投資對日圓兌美元的匯率卻有直接影響，而且會大大影響所謂貨幣選擇權交易。

我在前面提過，日圓的匯價在一〇五日圓至九十五日圓兌一美元的幅度之內起落。日本出口商很有信心這個幅度可以維持至一九九五年三月結束時，於是他們大舉購進所謂「擊倒式賣出選擇權」，幾十億美元地買。這種「擊倒式賣出選擇權」是一頭怪物，特色是允許持有這種選擇權的人以履約價格出售貨幣，但只要市價跌破某一點，持有這種選擇權的人就喪失出售貨幣的權利。當時一般合約的履約價格都訂在一〇五日圓兌一美元，而底價則爲九十五日圓兌一美元，換言之，履約價格和底價都在當時日圓對美元匯率的上下限之間。因此只要美元兌日圓的匯率維持在這個幅度起落，這種選擇權對出口商來說是非常有吸引力的。

另一方面，這種條件對出售「擊倒式賣出選擇權」的人來說也很有吸引力，因爲有了這種選擇權之後，他們就可以在「較現値不利」的情況下，以一〇五日圓及九十五日圓兌一美元的匯率，出售更多賣出與買入選擇權。但美元跌破九十五日圓大關時，出售這種選擇權的人就要火速補平日圓部位，日本出口商可就慘了，因爲他們的美元並無避險保障。他們一起抛售的結果是，美元在幾天之內就下挫至八十日圓兌一美元。金融市場崩盤，其嚴重程度比得上一九八七年的股市崩盤崩盤的理由也全無二致，那就是選擇權部位嚴重不平衡時，崩盤就可能出現。

德國馬克強勢則別有因由。德國經濟是導向資本財貨生產的，而且一直以來，世界各地的需求都很殷切，德國的利率也差不多到底，因此可能調高。而義大利一直有政治危機，法國要舉行總統選舉，英國的保守黨政府則已經日薄西山，經濟開始走下坡，而西班牙也面臨困難。當時經過了新興市場的崩盤，而德國中央銀行也並不積極希望歐洲單一共同貨幣實行，於是局面更趨惡化。任何國家假如想透過德國馬克以支持本國貨幣，首先就要衡量本國的美元存底的高低，於是美元承受的壓力大增。

在某一程度上，美元的弱勢原因正好和德國馬克及日圓強勢的原因相反，但也有所不同。最重要的原因之一就是墨西哥危機。事實上，金融市場的亂局也是墨西哥危機引起的，不少人把墨西哥視爲美國的一個包袱，美國財政部被迫求助於匯率穩定基金時，等於向全世界宣布美元是無法自保的。而美國對墨西哥的貿易差額將使經濟成長放緩，來自墨西哥出口的競爭也可以抑制美國國內的通貨膨脹，但在那時候，墨西哥出現銀行業危機的可能風險也使聯邦準備委員會無法調高利率。除了這些考量外，還要考慮的另一因素是經濟成長反而也會放緩。此外，平衡預算修正案不獲通過也對心理產生影響，引起一波拋售美元的高潮。最令人不安的是各國的中央銀行，特別是亞洲國家的中央銀行，已經開始分散手上持有的美元，這一點動搖國際貨幣體系的基礎，好像大陸板塊已經開始互相擠碰。

看來我們面對的不僅僅是一個大起大落過程，而是一大堆。

對極了！大起大落的過程很少孤立發生，我在「金融煉金術」書中指出好幾個大起大落的過程，但其實這些大起大落過程發生時，還有別的過程在同時進行，且和這些大起大落過程互相影響。不過一般總是把這些過程視爲外來震波，但事實上他們可能都是對方的一部分內容。舉例言之，對新興市場的狂熱也是墨西哥市場暴漲的部分內容，但反過來說，這股狂熱後來消滅，墨西哥危機卻是必然因素之一。假如墨西哥不出事，也許會有別的事情發生，當然事態的發展過程就會完全不一樣。同樣地，墨西哥危機也許可以阻止些足以影響麥哲倫基金的事件發生。加拿大和義大利債務過於沉重，根本是難以爲繼的，但假如墨西哥不償還欠債或延期還債，這些國家的危機就會更快發展。目前的形勢是很不尋常的，原因是竟然有那麼多動力不平衡同時出現。

我們談到了新興市場的大起大落、墨西哥的大起大落、拉丁美洲國家日圓和日本市場、中國大陸共產主義制度可能發生的資本主義式崩盤，歐洲的緊張局面等。

在這些現象背後，是一個世界性的解體過程，這過程還涵蓋了安全、經濟和金融等方面。現在貨幣機構之間的合作遠不如簽署廣場飯店協定時，雖然應該討論的問題還眞不少，但你很少聽說七大工業國會舉行什麼緊急會議。現在國家忙國家的利益，機構忙於機構的利益，對公益的興趣淡薄。但金融市場本質不穩，隨時可以崩潰，除非政府把金融市場明文列爲政策目標之一，否則問題很難解決。

很少人會同意你的看法。

這一點我也知道，但這是我的動力不平衡論的直接結論。保羅・伏爾克說得好：「不論什麼人都同意過分的反覆是有害的，但要處理反覆時，卻沒有支持的人。」政府忙著處理自身利益，私營業者包括商業銀行和投資銀行，事實上可以從反覆狀態得到好處，原因不僅是他們的交易額比較大，他們還可以出售避險工具和選擇權賺錢。我還要補充一句，避險工具和選擇權事實上加強市場的反覆效應，原因是它們引起自動的一窩蜂行爲。最近的經驗顯示，所謂「擊倒式選擇權」事實上爲禍更烈，假如一般選擇權是鴉片，「擊倒式選擇權」就是海洛因。

你覺得這種選擇權應該被禁嗎？

不錯。幾個月前我在國會作證時還不至於有這種想法，但此後貨幣市場的確出現了一次崩盤。「擊倒式選擇權」在一九九五年日圓暴起過程扮演的角色，就像投資組合保險在一九八七年股市崩盤中扮演的角色一樣。後來有關方面推出所謂「斷路裝置」，投資組合保險就搞不下去了，現在我們也要推出類似的機制。

你怎麼著手？

銀行的所有衍生性商品交易都必須透過國家的管理機構向瑞士巴塞爾的國際清算銀行登記，然後國際清算銀行就研究這些交易，蒐集資料，並訂出最低資金，必要時提高最低資金以勸阻銀行從事這種交易，甚至明令禁止。我認爲「擊倒式選擇權」是應該在明令禁止之列的。

你是一位市場參與者，未來是可以趁著市場的反覆渾水摸魚的，但你卻主張採取這種激烈的措施，我不禁有點意外。

我反正只是希望金融市場能夠生存。

超越指數

SOROS ON SOROS

第二篇　地緣政治、慈善事業及全球性轉變

克莉絲蒂娜・柯倫

第六章 慈善家

何以你在東歐捐了很多錢?是不是你良心不安,想要彌補?

我沒有良心不安,我捐錢是因爲關心開放社會的原則,而且我也花得起這個錢,這種組合是很獨特的。

很多人認為你是一個投機者,發了不少不義之財,你投機英鎊時,拿走了英國納稅人的錢。

發財是有的,但絕不是不義之財。在金融市場投機時,你根本不受一般商人面對的大部分道德問題困擾。市場運作正常時,所有投資人都無法察覺任何改變,即使世上沒有我這個人,英鎊危機還是會照樣發生的。當然,經過英鎊危機,我成了所謂大師級的人物,之後,我的立場改變了,但這還是最近的事。在此之前,我從來不必關心金融市場之內的倫理問題。

洛克斐勒被指靠壟斷發財時，他成立了基金會，希望藉此改變他的公共形象，許多公司成立基金會的理由和洛克斐勒差不多。但我和他們不一樣，我在一九七九年成立我的第一個基金會時，根本不具任何公共形象，那時我在市場中只不過是一個無名小卒，正在經營一項資本只有一億美元的基金，現在我們的資本已經有一百億美元。

你最初沒有公共形象，現在可不同了。身為慈善家這一點，對你的事業有幫助嗎？

也許，許多大門現在都為我打開了，但老實說，我做生意不靠這種機會。我還怕它會左右我的判斷呢。我建立事業時不靠和有財有勢的人打交道，現在我的事業已然建立，就更沒有時間和他們打交道了。我的長處之一是別人喜歡和我在一起，包括向我提業務建議的人和我的經營夥伴，原因不僅僅是因為我是個慈善家，而這一點對公司的良好氣氛是有助益的。

那你行善的真正目的何在？

十五年前，基金規模達到一億美元時，我的個人財富也有二千五百萬美元了，我覺得我已擁有足夠的金錢了。再三思考之下，我得到的結論是，對我最重要的是「開放社會」這個概念。

你如何界定開放社會？

我不界定。波柏告訴我，概念不應該被界定，概念是要說明的。根據我的哲學，人的理解是不完整的，開放社會就是建立在對這一點的體認上的。任何人都無法掌握最終的眞理，於是我們需要具備批判性思考。我們需要民主政治，以確保權力井然有序地移交；我們也需要制度和利益，以便和平共存；我們需要可以提供回餽並允許失誤得到糾正的市場經濟；我們要保護少數族群並尊重少數族群的意見，最重要的還是我們需要法治。像法西斯主義和共產主義這些意識形態，只會製造個人服從集體的封閉社會，而這種封閉社會又是由國家主宰的。國家服務的對象則是所謂代表最後眞理的教條，在這種社會裏，根本沒有自由。

我也可以提出一點個人看法：開放社會是一個提供像我一樣的個人可以生活和發展的社會。我是猶太人，在匈牙利時納粹分子搜捕我，我也嘗過一點匈牙利共產主義的滋味，所以我絕對不是言之無物的。我十七歲就移民倫敦，我在倫敦經濟學唸書時才開始了解開放社會和封閉社會的差別。

你設立基金會的宗旨是什麼？

打開封閉的社會，使開放社會更穩定，及培養批判的思考方式。但我學習經營基金會學得很慢，我過去對基金會抱持懷疑態度，而且還有很深的偏見，到現在還有偏見。我認爲，接受基金會捐贈只會使接受捐贈的人成爲眞正的慈善對象，而這卻不是我成立基金會的用意所在，我把這種情形稱爲「慈善的弔詭」。我也認爲，慈善事業基本上是一種腐蝕人心的行爲，不但可以使接受捐贈的人腐化，也可以使捐贈的人腐化，原因是人們總是拍捐贈者的馬屁、誇讚他，但從來不告訴他眞相。向基金會提出申請的人所扮演的角色就是想辦法向基金會要錢；而基金會扮演的角色就是避免遭人佔便宜。基金會要自保，免爲他人所乘，就要變得官僚或把規矩訂得很嚴格，像福特基金會如國家機器一樣。但基金會也可以低姿態出現，在別人不注意的地方行事，我選擇這種方式，我們的原則是：「不要打電話給我們，我們會打電話找你。」理論上，我打算用無名氏的方式進行所有活動和捐款，我也刻意把我個人的自我排除在外，原因是我覺得基金會要存在，就必須有成就；假如基金會的目的只在滿足自我，我的自我反而得不到滿足。很諷刺的一點是，現在我主持世界上規模最大的基金會，而我個人牽涉在內的程度竟然那麼深。

你捐錢的對象是什麼人？

南非是我第一項實行大規模認捐活動的地方。南非社會是建立在種族隔離制度上的封閉社會，當時我的想法是假如破壞種族隔離制度，最理想的辦法是透過教育使南非黑人有能力和白人平起平坐。我有一位祖魯族朋友，此人是紐約一家大學的講師，後來返回南非，我在一九八〇年到南非拜訪他。透過他的介紹，我認識了好幾位南非黑人，而且和他們成爲朋友。我也跑到開普敦大學參觀，開普敦大學校長史都瓦·桑德士是一位投身黑人教育者，他讓我倍覺感動。我那時認爲，開普敦大學是一所建立在開放社會、以平等原則對待所有人的大學，學生的學費一概由國家支付。我當時的想法是，假如我幫助黑人學生進入開普敦大學唸書，就等於說我使南非當局花錢教育他們，也就是佔了南非政府的便宜。

但實際情形卻不是這樣，原因是該大學本身沒有校長的開放心態。我開始時捐贈八十個黑人獎學金，但增加的黑人學生人數不足八十人，顯然校方在我捐款之後把自己的一些錢移作他用。第二年，我再到南非時和部分學生會面，他們竟很不高興，充滿敵意。於是我決定幫忙第一批八十名學生幫到底，但這項計畫就到此爲止。這非常可惜，原因是假如計畫繼續進行，現在就有比較多合格的黑人領導者來開發南非。我在南非也試辦其他活動，但我的結論卻是我占不了種族隔離政權的便宜，他們倒占了我的便宜。這個政權非常狡猾，總之無論我怎樣做，都會淪爲他們的同夥。於是我只讓部分項目繼續實行，包括訓練南非新聞工作者和一些人權計畫，但基本上我在南非做的不多。現在我覺得遺憾。後來我在南非成立了一個開放社會基金會，但時機已經有點太遲。

你那時還做了些什麼事嗎？

同一年，也就是一九八○年，我開始發給東歐異議人士獎學金，並開始支持人權組織，包括波蘭的團結工聯和捷克的「憲章七七」（透過瑞典的一個基金會）及沙卡洛夫的運動。

過去曾有一段時期沒有人敢奢望東歐會發生什麼重大轉變，到了一九八一年十二月，波蘭的雅魯澤斯基發動政變。那時憲章七七的人只不過是捷克的一個孤立小組織。

當時你希望你的基金會可以有點什麼貢獻？

我的宗旨是支持冒著生命危險爲自由和開放社會奮鬥的人。

那就是說你當時並未意識到東歐政局馬上要改變？

的確如此。當時我只是捐贈一點錢給冒著生命危險奮鬥的人，我支持他們的奮鬥，冒生命危險和承擔責任的是他們。我當時沒有計畫，也沒有什麼鴻圖遠猷，我不相信我可以改變整個制度，但我有我的視界。我知道共產主義教條是錯的，因爲那是教條。假如我們可以鼓勵別人做別的選擇，容納別的看法，共產主義教條的錯誤是顯而易見的。只要破壞這種教條，制度本身自然就會削弱，我不預期共產制度會垮台，但我希望從內部削弱它，我的方法就是使人有別的選擇和培養批判的思考方式。

當時你自己獨力推行這些計畫嗎？

是的，什麼事情都是以個人的方式進行。後來我和「人權觀察」搭上線，當時這個組織還是叫做「赫爾辛基觀察」，我也參加他們的每周例會，我把那段時期視爲一個學習期。人權觀察的會長阿爾耶爾・尼爾現在是我基金會的會長，但在當時開放社會基金會規模很小，也只是實驗性質的。經過在南非的實驗後，我工作的重點是設法讓東歐的異議知識分子有機會到美國來，我每次都邀請十幾人，後來我和他們的人混熟了。這一點對我很有幫助，原因是我當時並不是很了解東歐問題，畢竟我已離開太久。

你對東歐的貢獻是否和你的匈牙利背景有關？

不錯，的確有點關係。我會說匈牙利語，而且我的根也在匈牙利，但我決定支持匈牙利異議人士，卻並非因我是在匈牙利出生的關係，因爲接受我基金會捐助的人當中，波蘭人至少和匈牙利人一樣多，但因爲我在匈牙利學到的最多，而且我最好的個人關係也是在匈牙利建立的。

這就是你在匈牙利首先成立東歐基金會的原因嗎？

是的。但當地的異議人士告訴我，我選擇候選人的方式開始出毛病，變得有點鼓勵別人做異議分子的樣子。在某種意義上，我的捐助反而損害了他們的清望，原因是有人可以據此指稱他們是靠反對共產政權爲生的。由於這些異議人士光明正大，操守世所罕見，所以他們的意見對我很有影響力。一九八四年，我主動到此地的匈牙利大使館問他們可不可以在匈牙利成立一個基金會，申請人以競爭方式得到捐助，基金會還將進行文化和教育活動，不料他們的反應很積極，讓我有點意外。顯然這些匈牙利官員把我視爲一個美國生意人，可以在美國給他們一點方便，也會給他們錢，但要求不多，換言之，就是一個典型的美國冤大頭。

你那時有全職幫忙你的人嗎？

這裡的基金會當時還沒有全職雇員，事實上這個基金會由我太太蘇珊在家裡管理，她做得很好，所以就沒有管理開支的問題。你也可以說管理開支很大，這要看我如何評估我太太的工資而定。

你什麼時候才開始有全職雇員？

一九八四年過了一陣子，我在匈牙利成立索羅斯基金會後，就開始雇用全職人員，這個基金會和開放社會基金會是分開的，原因是匈牙利政府不接受開放社會這幾個字。索羅斯基金會在紐約成立辦事處，由一位全職雇員管理，但開放社會基金會卻沒有全職雇員，後來一直由蘇珊撐了好幾年。

一九八四年這些事情發生時，匈牙利政府還是一個共產主義政權。有人指你不惜為了基金會的利益而和匈牙利政府同流合污，是真的嗎？

我們當然同流合污，共產黨人想利用我，我想利用他們，那就是我們所謂同流合污的基礎，重要的是誰勝誰敗。我們合作的方式是這樣的：由匈牙利科學院和紐約的索羅斯基金會成立一個聯合委員會，當時匈牙利還是受到匈牙利政府全面控制的，雙方同意對方對支出都有否決權，花錢要事先獲得兩位主席同意。我是兩名主席中的一人，另一人則是匈牙利科學院的黨委副書記。

結果誰勝誰敗？

在匈牙利，不問即可知我們贏了。我的顧問很傑出，其中一人是米蓋洛斯・瓦薩希爾，此人是一九五六年匈牙利納吉政府的新聞發言人之一。他參加當年的革命雖沒被判死刑，但也坐了好幾年牢。匈牙利的基金會之所以成功，要歸功於他的政治智慧和技巧，以及匈牙利人普遍對他的尊敬，那時我每走一着棋都要和他商量，他對當時的局勢比我了解，也許比匈牙利當局更了解。我們知道我們在幹什麼，他們倒不清楚自己在幹什麼。

最初你不是想退出嗎？

我們簽妥成立基金會的協定後，對如何管理基金會的問題卻意見不一致。我方的想法是基金會的雇員應該是立場超然的，而且要由我方遴選，但當時匈牙利政府擔心委員會的命令將交由一個聲名不佳的組織——國際文化關係聯盟執行，這個組織其實由匈牙利安全部組成，是美國文化交流組織的「對等」機構。那時瓦薩希爾堅持我要是不想妥協，一定要自覓職員，結果促成了我和主管文化事務的強人——黨委書記艾札爾會面，那是我第一次和他碰面。我們無法達成協議，於是我告訴他我要退出，他教我不要走得不開心，我說，我浪費了那麼多時間和精力，怎麼會開心。我已經走到會面地點的門口了，他突然問我：「你到底想怎樣？」我說：「一個立場超然的書記處。」最後我們按照推選主席的方式妥協，每一方各自派出一人負責，所有文件都要由兩人共同簽署。

你那時捐了多少錢？

捐贈的數額爲每年三百萬美元，但頭幾年並沒有把錢都花完。我們最初進行的一項計畫是，向文化及科學機關提供影印機，以交換他們手中的匈牙利貨幣，以這些匈牙利貨幣作爲在匈牙利提供獎助金之用，但影印機也給匈牙利帶來不少方便，所以同一筆錢竟然有兩種好處。這項計畫相當成功，原因是此舉打破了匈牙利共黨對資訊的控制，在此以前，一般人連看都看不到匈牙利僅有的幾部影印機，而且這些影印機還是上了鎖的，使用影印機前都要得到許可。到後來，影印機愈來愈多後，匈牙利的共產機器控制不了這些機器，也控制不了資訊的傳播。

何以匈牙利共產黨不禁止你們進行這項計畫呢？

匈牙利的文化和科學機構在工作上急需影印機，當時匈牙利也加強了管理規定，但影印機那麼多，這些規定根本無法實行。然後我們就利用得自這些機構的匈牙利貨幣，資助當地人進行自發的非官方計畫。

當時匈牙利的基金會沒有一般基金會的毛病，所有和慈善事業有關的弔詭都已化解，原因是這個基金會成了公民社會的一項制度；這個基金會也不必自我保護，因爲得到基金會支持的人都會保護它；基金會也不必官僚化，原因是它不必進行管制、報告和評估作業，而且受惠的人也不敢厚顏占基金會的便宜，假如有這種情形，也會有人告訴我們。

基金會成功有幾點原因。其一是當時匈牙利缺乏強勢貨幣，彼時美元的匯價比官定匯價高很多，這對匈牙利的文化機構也有利，因爲他們手中持有不少當地貨幣，但總得不到強勢貨幣，我們把這種情形稱爲文化貨幣匯率。

匈牙利人非常樂意爲我們效力，以爭取一點點獎助，原因是基金會可以幫他們遂行他們一向的心願，所以所有爲我們工作的人幾乎都不拿報酬，他們只要得到一點物質上的回餽，像得到一台影印機，或者有機會出國做點研究等。我們也使用匈牙利政府的設備進行與共黨無關的活動，原因是大部分人都是受雇於匈牙利政府的。訓練課程、會議和表演可以隨時舉行而不必繳租金，這也是基金會發揮和擴大影響力的另一種方式。最後，有人指我們另行建立文化部和教育部，我們卻認爲這是無上光榮，不要忘記，我們當時每年只有三百萬美元的經費，但我們的工作不比匈牙利整個文化和教育建制差，而這個文化教育建制每年的預算比我們多上好幾百倍。

他們沒有設法阻止你繼續下去嗎？

有，黨內曾認眞辯論這個問題，但在黨內也有同情我們的人。

同情你們的是誰，他們為什麼站在你的一方？

他們主要是主管經濟事務的人，而負責思想問題的人則很反對我們的基金會。當時在政府之內支持我的人主要是伯達，他是主管對外經濟關係的官員，匈牙利政府要他爲基金會負責，他當然希望基金會成功，他希望暗中促成政府的改革而自己不必曝光。他是一位技術官僚，和塔托斯等好幾位經濟專家都是主張改革的。基金會行事很審愼，均衡地進行各種計畫，有時進行黨內的思想官僚不樂見的計畫，甚至他們不得不同意的計畫，我們總是儘量使前者占上風；我們從事愛國文化計畫，也進行使民衆普遍受惠的社會慈善計畫，使一般無法使用影印機的民衆也得到好處。匈牙利對我們的獎助作家計畫特別敏感，因爲這可以使作家漸趨獨立，有人還指稱我們煽動作家聯盟反抗匈牙利共黨。

從現在來看，你覺得你在匈牙利的活動成功嗎？

那是我們最美好的日子。基金會的人即使不是異議人士，行事也有如異議人士，教師、大學教授、研究人員都可以從事非政府活動，但又不至於打破飯碗。所以那是非常成功的行動，充滿可貴的精神，此後我們所有的活動都比不上它。該基金會清清白白，而且管理得很好。我經常回去看，並和基金會的人研究策略，而下一次再去時，所有策略都已一一實行了，我不知道他們是怎樣做到的，也許基金會是當時唯一的遊戲，而公民社會裏知識分子的力量都在聽候基金會使喚。一九八九年解放以後，匈牙利人開始有別的機會了，但從一九八四至八九年，基金會的確是匈牙利知識界的生活核心。

你談到那段時期時很有懷舊的味道。

我想所有參與該事的人都會緬懷那段時期，我們花費很少，但成就卻非常可觀，我們覺得和惡勢力角力很過癮，此後再也不找不到相同的境遇了。後來匈牙利改頭換面後，基金會就很難適應新的現實。

那時基金會的活動對你而言是不是比賺錢更重要？

不對。那時我正積極管理量子基金，正在進行「金融煉金術」一書中談到的「即時實驗」，賺錢對我肯定比較重要。雖然我積極參與基金會，但它對我只是一項副業，我並不和基金會劃上等號，我也不尋求別人的肯定，我覺得基金會屬於匈牙利人，而這就是基金會成功的秘訣。另外，我們也不宣傳，這一點也有助於基金會的成功。匈牙利共黨的宣傳煽動專家要求傳播媒體不要理會基金會，因此雖然我們可以刊登廣告，但報紙卻從不報導，大部分人只靠口耳相傳得知我們的活動。基金會是當時匈牙利境內唯一默默進行公益事業的機構，官方組織則往往奢談他們辦不到的事，所以，可以這麼說，基金會的形象是在缺乏宣傳的情況下建立起來的。我也決意不居功，原因是我認爲管理基金會的人冒很大的個人風險，我只是爲他們提供工具而已，我敬佩他們的成就，這是他們的創舉，不是我個人的功勞。

但他們還是靠你的錢才能成事。

不錯，這一點讓我感到很欣慰。但就像剛才說的，基金會是身外之物，我幾乎可以以一個局外人的身分欣賞它，那時的情形和我現在投身的程度區別很大。

經過在匈牙利的成功後，你擴充了基金會的規模，是不是？

不錯，從一九八六年開始，我在中國大陸進行過一些嘗試，不久就在波蘭成立基金會。波蘭的基金會是在波蘭地下文化組織「窗」的基礎上成立的，這個文化組織和團結工聯是有關係的。之後，到了一九八七年，沙卡洛夫獲准返回莫斯科，我就成立了蘇聯的基金會。經過一九八九年的革命後，各基金會的成立有如雨後春筍，於是基金會開始形成一個網絡。

目前你在廿五個國家都設立了基金會，而這些國家以東歐國家為主。你的基金會到底從事什麼活動？

這就難說了。封閉社會轉變成開放社會是一個有系統、有步驟的轉變過程，幾乎每一樣事物都要改變，但我們完全沒有任何藍圖作爲依據。基金會要實現的是改變帶來轉變的方式，基金會動員了相關國家人民的精力。

在每一個國家，我都會找出一群人，有的是比較知名的社會賢達，有的沒那麼有名，但他們對開放社會懷著同樣的信念，所以我把決定首要任務的責任付託給他們。我有的是總體的遠景，而且經過一段時間，我也從個別的基金會身上學到不少事情，我花力氣進一步推動比較成功的計畫，其餘的就放棄。我也設法把成功的計畫從一個國家移植到另一個國家，也提出區域性計畫，但我絕對不從外面帶東西進來強加在這些人身上。我讓基金會自主，我只透過增加捐贈的方式控制大局。

開放社會是一個自發組織的制度，我希望基金會幫忙建立開放社會，而在此一過程中它也成為開放社會的「原型」，我們從混亂開始逐漸建立秩序。基金會的規模幾乎是無限的，我們選擇眞正重要的計畫，計畫的內容則視我們察覺到的需要而定，也看我們能夠拿出來的能力而定。所謂首要急務往往不是一成不變的，舉例言之，旅費獎助在初時是很重要的，但到現在成效就不會很大。我們最重視的主要是教育、公民社會、法律、傳播媒體、圖書館及國際網際網路，但這些並不足以涵蓋我們活動的範圍，我們往往是先進行活動，範疇則是後來才建立的。事實上誰都不知道我們全部活動包括哪些事情，這樣反而較合我意，最讓我覺得過癮的是那些我一無所知以及我偶然發現的活動，為此我必須動員其他人的精力，原因是有些我從未想過、甚至不可能想到的事情不斷發生，而且這些事情往往是我不能理解的，所以我很需要別人幫忙，這讓我有一種解脫的感覺，我終於可以突破孤立，和世界連成一氣。事實上，我知道並不是每一個活動我都喜歡，但那些活動雖然我事前不知情卻仍能順利進行，倒也教我寬心不少。

可否舉例說明。

我遇上政治科學家歐塞汀斯基的情形就是一個例子。歐塞汀斯基曾參加「無名酒徒」的戒酒治療療程，後來他竟然把這個組織介紹到波蘭和其他國家，結果影響很大，波蘭監獄中酒徒的戒酒療程就是拜歐塞汀斯基所賜。我們也提出了從事健康教育的新方法，有一次我還探訪了一群參加研討會的教師，他們來自不同國家，非常熱心，我們只有一周時間聚首一堂。但最有代表性的例子可能就是我們建立起來的當代藝術中心，事實上這些中心的藝術我大部分都不喜歡，但我沒有資格下斷語。你可能覺得這些藝術怪怪的，但依我看，開放社會的重要特色之一就是並非所有事情都是我喜歡的，假如我設法控制每一個計畫的內容，所要建立的就不是開放社會，而我也絕不可能這樣快就把基金會網絡擴大起來。我們的成長速度是非常驚人的。

你的財力如何可以支持？

很巧，蘇聯解體時，剛好有幾年時間量子基金業績很好，我拿出來的錢基金會用不完。革命契機碰上充足的財力，那是千載難逢的機會，基金會網絡在五年內成長驚人，量子基金的成長也瞠乎其後。

你怎樣管理這個網絡？

我們的運作方式有如柯奈伊所謂的「軟性預算限制」，這種方式可以使一個國家的經濟大受打擊，但對基金會來說，卻有神效。在某種意義上，經營基金會恰好和做生意相反。做生意賺錢是最重要的，但對經營基金會來說，花錢方式反而是最重要的，我們採取「軟性預算限制」後，基金會就可以專注最重要的事情。

聽起來好像你的基金會已經失控了。

在某一種意義上這種說法是對的，我對業績和倫理的要求都很高，我要基金會人事不虛胖，而且還要廉潔，但當他們取得我的信任後，我隨時可以授權給他們進行任何新計畫，這就是我所謂的「軟性預算限制」。

金錢只是成功的諸多要素之一，而且在某種情形下，金錢的害處比用處還大。

假如一個基金會除了金錢，別的一無所有，這個基金會就沒有存在的理由，就算有，也不外是一些自私自利的理由，所以我經常以批判的眼光觀察我的基金會。

你如何考驗基金會呢？

方法之一是把開支壓低，以確保爲基金會工作的人志不在錢。就算是這樣，假如計畫得到的財力支持源源不絕，也會慣壞基金會的人。舉例言之，我在俄羅斯就犯了大錯。我們最初老是搞不好，後來終於弄了一個改革人文科學的計畫，這個計畫很成功。起初我提供五百萬美元給這個計畫，結果對俄羅斯整個教育制度產生了極大的影響，而我卻被勝利沖昏了頭腦，把預算增加至一千五百萬美元，並計畫增加至二億五千萬美元。這對主持計畫的人來說，誘惑實在太大了，原來一項人事精簡的業務開始腐化，幾乎還把基金會毀了。

你提到不是每一個基金會都像匈牙利基金會那樣成功，這些基金會出了什麼問題呢？

基金會各有各的樣子，各有各的問題。舉例言之，在中國大陸，基金會竟牽扯在中共的內部政爭之內。那時是一九八八年，強硬派攻擊基金會，目的是要搞垮總理趙紫陽和黨委書記鮑彤（譯者按：趙紫陽當時是中共總書記，鮑彤則是中共國務院國家經濟體制改革委員會副主任）。趙紫陽爲了自保，就把基金會的監督管理權從內部政治警察移交給外部政治警察（譯者按：此處索羅斯可能有誤，所謂內部政治警察和外部政治警察不知所指爲何）。外部政治警察當然不會掉以輕心，連忙把外部政治警察的人編進基金會之內，事實上，管理基金會的人竟是秘密警察。我聽到消息後，馬上設法撤銷基金會，後來天安門大屠殺發生了，讓我有個撤退的好藉口，可憐的鮑彤現在還在獄中，據說他還病得很嚴重。

初時，我也被波蘭的基金會弄得很煩惱，也許這要怪我，原因是我總想把匈牙利的成功模式複製過來，我覺得我在波蘭的地位很穩，因爲有波蘭團結工聯和團結工聯的文化組織「窗」兩個非法組織支持我，我將匈牙利的模式帶過去的時候，依仗的是「窗」的人，並認爲他們應該懂得怎樣經營一個基金會，我以爲只要和波蘭政府達成協議，然後付錢，其餘的他們就會自行發揮。但事情不如預期中順利，「窗」的人不知道從何入手，甚至連裝設一條電話線也辦不了。經過一九八九年的革命後，我把基金會交給團結工聯的英雄巴雅克，但結果也不是很好，最後我們找到了執行董事的理想人選，但那時我已經和基金會發生嚴重矛盾，我還是希望波蘭的基金會像匈牙利的基金會一樣運作，是一個對所有人開放、提供財力使人們得以遂行其目標的獎助組織，也是公民社會的支柱之一。但涉及基金會事務的人也有他們的憧憬，他們希望基金會有其緩急輕重的次序，也有自己的計畫。後來發現他們的想法是對的，我可錯了，此後多年來，波蘭的基金會——史泰芬．巴托利——成了網絡中的最佳基金會之一。

保加利亞的基金會情形和波蘭的基金會很相似，但我設立這個基金會時並未遭遇同樣的困難。這個基金會一開始就已經準備妥當、精神煥發，有如希臘女神雅典娜一樣。當時我得到美國文化參贊約翰．曼茲斯的幫助，曼茲斯曾在匈牙利工作，也了解基金會的宗旨，他把一切準備就緒，只等我的同意。但也不是說我們全無困難，例如一位人權組織首腦出身的董事原來竟是一位反土耳其、反吉普賽人的激烈民族主義分子。

俄羅斯的基金會又是另一種情形，我可以寫一整本書來談這個基金會。現在我們姑且這麼說，我希望這個基金會領導革命，但結果基金會反而遭到革命摧毀，這個基金會經歷的動亂就像整個俄羅斯社會經歷的動亂一樣。

這個基金會也遭到那麼多打擊嗎？

我在一九八七年着手籌備俄羅斯基金會，或者說是蘇聯基金會，開始時我以觀光客的身分前往莫斯科，企圖說服沙卡洛夫領導計畫中的基金會，他強烈建議我不要按計畫進行，原因是他深信我的錢最後會落入國家安全會（KGB）手中。我不爲所動，勉強組成了一個理事會，這個理事會怪怪的，其中有些人平常根本互不理睬，包括歷史學家艾凡納塞耶夫、社會學家札斯拉芙斯卡雅和後來成爲極端民族主義者的作家拉斯普汀，這樣的組合今天根本不可能出現。

這個所謂文化倡導基金會——也就是該基金會的名稱——結果交由蘇聯共青團的一群改革派官員管理，他們接手後就馬上着手組成一個封閉的群體，希望由此促進開放的社會力，但他們畢竟無法擺脫原有的蘇聯心態。我察覺到這種情形時，我發動一次政變把這些人趕走，這次政變發生的時間剛好在蘇聯的一九九一年八月政變之前。策畫這次基金會政變的人是我在莫斯科的代表律師，但此人馬上把基金會變成他個人的采邑，於是我又發動另一次政變除去他。此後基金會可說花果凋零，直至我們着手進行所謂「變換工程」爲止。

「變換工程」是一項充滿憧憬的計畫，目的在取消一般學校和大學裏的馬克思主義——列寧主義課程。我們得到各部會的通力合作，在很短的時間內就很有進展。我們訂購了接近一千種新教科書，訓練校長推行新的經濟學課程，還贊助了「年輕人成就」計畫，這項計畫非常成功，於是我打算投入巨額捐款，但這卻成了另一個危機發生的主因。

當時是一九九四年上半年所謂「強盜資本家」事件的高潮，俄羅斯正進行大規模的企業私有化計畫，公開讓國民持有企業股票，但這些企業的股票交換憑單幾乎一文不值。在銀行方面，由於貨幣供應短缺，名聲比較差的銀行以月息十厘的利率吸引美元存款，手頭有點錢的人都賺了大錢，這種誘惑對基金會的負責人變得相當大，我發現一筆一千二百萬美元的巨款存在一家不知第幾流的銀行裏。雖然我們把錢提了出來，而且也沒有什麼損失，我們還是進行了一次徹底的核帳，最後把主要的工作人員辭退，但到現在基金會還是元氣未復。爲了這三次重組，我們平白浪費了五年的寶貴時間，從這些痛苦的經驗中，我終於了解在革命的環境中管理一個基金會是一件多困難的事。

但你不是說你是應付革命的專家嗎？

我當時可以察覺到問題出在哪裡，也可以改正錯失，但我找不到適合的人選做事。也許假如我學會俄語，同時投入全副精神，我可以做得比較好。

聽起來這是讓人難過的事，但據說你在前蘇聯的多個基金會都很成功。

是的。我剛才說的只是在設在莫斯科的文化倡導基金會，這個基金會我們正逐步進行撤銷，用別的組織取代。我也是國際科學基金會的負責人，這個基金會的宗旨則是保存蘇聯最先進的科學，和該基金會並行的國際科學教育計畫也由我負責。這都是規模很大的計畫，比我們平常進行的計畫規模大多了，我捐了一億美元給國際科學基金會，但不到兩年錢就用光了，我們提供三萬多名科學家每人五百美元的緊急獎助金，這五百美元足夠他們使用一年。我們按照（美國）國家科學基金會的模式創立了一項獎助計畫，並透過這項計畫發放大部分的錢。我們也提供旅費補貼、供應期刊，現在除了俄羅斯的科學界外，還幫忙學校、大學、圖書館、醫院、傳播媒體和一般使用者使用國際網際網路。國際科學教育計畫每年的預算為兩千萬美元，但受惠的人更多，我們所有的工作都要按明確的規定進行，工作效率很好，對科學界有很大的影響。

你的基金會幾乎完全把科學排除在基金會的正常活動之外，何以你決定在前蘇聯花那麼多錢在科學上？

我要證明西方的援助也可以是有效的，而自然科學就是證明這一點的最佳園地。俄羅斯科學代表了人類智慧的傑出成就，俄羅斯科學和西方科學有點不同，它是值得保存的。科學可以站在爭取建立開放社會的第一線，而且過去的確也是如此，我在這方面努力成功的機會也很不錯，原因是我們在這方面有評估得失的可靠標準，我們也可以動員國際科學界在選擇保存對象方面助我們一臂之力。

事實證明我們的想法是對的，我們推行的各項計畫都很成功。最近俄羅斯反情報機構攻擊我們，俄羅斯國會衆議院也下令調查，結果整個科學界挺身而出爲我們辯護，反情報機構的攻擊反而給我們帶來勝利。

其他在前蘇聯各共和國設立的基金會也都很成功，烏克蘭的基金會表現尤其好，我希望俄羅斯基金會扮演的角色，它辦不到，烏克蘭的基金會卻辦到了。烏克蘭基金會周邊有一大群其他機構隨著成長，各有各的目標，現在他們已經成了一個網絡。這些機構或多或少都和基金會有關，但他們本身卻是獨立的。這些機構包括一所公務人員訓練學院、一所私立大學、一個促進法治文化的基金會、一個傳媒中心、一個現代藝術中心、一個經濟研究所和一所私立學院。烏克蘭基金會正在幫助烏克蘭建立現代國家和開放社會必須的基本設施，假如烏克蘭能夠繼續以獨立國家的身分存在，基金會對烏克蘭的成就是功不可沒的。

何以你那麼注重烏克蘭？

原因有好幾點。一個民主獨立的烏克蘭，其重要性我過去已經察覺到，只要烏克蘭國運昌隆，帝國主義的俄羅斯就不會成爲事實。我有一些很可靠的合作夥件，所以我才有辦法幫助烏克蘭，這些人包括日內瓦一家商學院的退休院長郝維利辛，他退休的目的就是要在凱爾夫設立一所商學院；另一人則是從加拿大跑到烏克蘭做研究的克拉成柯教授。我讓他們全權負責，他們果然把基金會創辦起來，我們早在一九八九年就成立了烏克蘭文化復興基金會，甚至比烏克蘭在一九九一年的獨立還早了兩年。最後烏克蘭獨立時，我們決定全速推行，訂立明確的目標，就是爲日後的西方援助作開路先鋒；結果我們的目標達到了。

坦白說，當初我對烏克蘭的感覺有點矛盾。二次大戰時被遣送到烏克蘭的猶太人命運如何我很淸楚，原因是其中一人逃回來了，還在我十三歲左右時教我拳擊，他告訴我的一切讓我畢生難忘。後來作家出身的烏克蘭文化部長德祖伯要求我在烏克蘭成立開放社會基金會，我就把聽來的故事拿來質問他。他說，基金會的目標就是建立一個完全不同的烏克蘭，使這些暴行不再發生，我接受這一點，覺得這個目標意義甚大。

你在捷克首都布拉格好像事事都不順利。

正如我剛剛說的，從一九八〇年開始，我透過瑞典的基金會贊助憲章七七的異議人士，總共捐贈了三百萬美元。到了捷克所謂的「天鵝絨革命」時，我向瑞典的基金會負責人簡諾克及維也納國際赫爾辛基人權聯盟的舒瓦贊堡親王建議，在捷克境內成立一個基金會，隨後我們在布拉格碰面。我還記得，那時維也納的捷克大使館還未能完全適應新環境，因此曾是過去捷克王室成員的舒瓦贊堡親王幾乎還拿不到捷克的入境簽證。當時捷克瀰漫著安詳喜樂的聖誕節氣氛，讓人畢生難忘。但基金會卻不是妥善地建立在公民社會的基礎上，一開始，當地人就對外來的援手很有疑心，透過簡諾克得到支持的人發出不少怨言，得不到的人抱怨更甚。他們並不知道我在革命之前已經長期資助憲章七七，也沒有人知道我這個來自美國的陌生人希冀怎樣的成就。問題的起因是我的資助是透過移民國外的人送達的，當時捷克人對這些人很不信任。積怨不斷再次浮上檯面，他們根本不想生活在現在，他們關心的是如何算過去的舊帳。

基金會和憲章七七之間也有磨擦，憲章七七老是認爲基金會應該屬於憲章七七，結果這些爭端耗盡了基金會的元氣。我多次警告簡諾克，要他忘卻過去，回到現在，但這並沒有效果，於是我就切斷了對布拉格基金會的支持，這是我慈善事業中最讓人失望的經驗。

你不僅僅支持基金會，你也出資維持中歐大學，你何以覺得這所大學是必要的？

我一向反對成立常設機構，也從不願意將錢投資在一磚一瓦上。但經過一九八九年的革命後，我覺得有必要透過一種制度，維持和發展這場革命的精神。事實上，一九八九年的革命並未完成，只推翻了共產主義制度，但並未建立起新的社會組織形態；「天鵝絨革命」是在開放社會的精神下進行的，只是他們的開放社會概念在理論和實踐兩方面都過於簡陋。當時知識界在這方面需求迫切，我爲滿足這種需求，遂建立了中歐大學，中歐大學的宗旨不在弘揚開放社會的概念，而在實現此一概念，我們不但要造就一批菁英分子，也要成就一種新的理解、新的境界。

中歐大學的成立也以革命方式爲之——既無預先計畫，也沒有適當的法律結構。決定之後幾個月內，中歐大學馬上於一九九一年九月開學，秩序也在混亂中建立起來，現在中歐大學已經成爲一所很像樣的學府了。我們的教授陣容很強，包括知名的學者和成名在即的學者，校長是第一流的人選，校董會也是第一流的。大學草創初期，我非常活躍，親自制訂決策，後來才逐漸把權力移交給校董會。紐約州立大學承認我們頒授的學位，教學品質也很高，所以我們決定第一屆畢業生都授予碩士學位。現在回想起來，我覺得這是教育史上一項獨特的成就：我們只花了六個月時間就把得到認可的碩士課程辦起來。中歐大學在二十年內每年至少得到我捐獻二千萬美元作爲經費，一九九五年秋天，中歐大學在布達佩斯一幢我們所興建的宏偉建築物開課。

起初你們的構想是在布達佩斯和布拉格都設立分校，你在布拉格設立分校的構想也出了狀況了嗎？

這說來話長。我並不急於在匈牙利建立分校，我是匈牙利裔人，如果在匈牙利設立分校，分校就會馬上成爲一所匈牙利學府。捷克政府主動提供一幢建築物，我當然欣然接受，但經過一九九一年的選舉後，新政府拒絕履行舊政府所做的承諾，這可能也要怪我當初沒有看淸楚有關的法律文件。當時有人強烈反對中歐大學，包括捷克新任總理克拉斯在內，而支持的人卻不夠，所以我決定關閉布拉格的分校，這不是錢的問題，事實上布達佩斯分校反而更花錢，我覺得布拉格分校得不到足夠的支持。原則上，我不希望我的慈善事業受到鞭撻，我希望別人也培養一種奉獻精神，同時也要培養自立的能力。

何以克拉斯反對中歐大學？

這問題很複雜。這所大學是由前任政府的異議人士和知識分子發起的，這些人在克拉斯眼中都是不切實際的，他很厭惡這些人。前任政府給我們一幢房子，克拉斯就是不肯履行前任政府的承諾。他不喜歡在布拉格設立一個專爲東歐人而設的思想中心，原因是他想向西方靠攏，他寧可東歐沉到海底，原因是假如東歐沉下去，西方可能會比較急著把它救起來。此外，箇中還有別的原因，他對我始終存著敵意，我覺得這很煩，我根本不想樹立這個敵人。

最近事情變明朗了，他開始指責我主張的是新社會主義。他崇尚個人的自身利益，而我的開放社會構想主張爲公益犧牲，因此他討厭我的構想。現在我明白何以我們兩人處處對立，我也樂意承認這一點。依我看，克拉斯代表的是西方民主的糟粕，革命之前的捷克政權則代表共產主義的糟粕，兩個極端我都同樣反對。

你放棄了布拉格的一切嗎？

沒有，我們沒有放棄布拉格。拉維總統建議在總統府內辦大學，我欣然接受他的建議，原因是這終於顯示，中歐大學也不是完全沒有人支持的。我們現在還打算在布拉格進行一項大規模的計畫，設立一個把國際關係和種族關係結合起來的學系，我們已經把歐洲自由電台以前的研究所搬到布拉格，日後將和中歐大學連結在一起，但中歐大學的校本部將設在布達佩斯，布拉格和華沙則有分校。

哪些人可以進中歐大學攻讀？

我們接受東方和西方的研究生，但主要還是東歐學生，東歐學生可以享有全額獎學金，大學裡開設各種人文科學課程，皆採英語教學。目前許多教授都來自西方大學，我希望這一點日後會有改變。我們的課程和傳統大學有點分別，我們有比較多從事創新研究的空間，教學、研究和對實際計畫的參與是可以相輔相成的。

現在匈牙利基金會的情況如何？你前面提到這個基金會對改變後的環境有點適應困難。

這是實話。政權易手後，我們不再是當地唯一的寵兒。在一九八九年之前，我們對當地的文化生活有決定性的影響，一九八九年以後，人們對文化活動的支持多了，我們也失去了有利的地位，而且我們的財政狀況也開始惡化。文化機構手頭已經沒有那麼多現金，「文化美元」就不再值錢了，現在我們也無法再找志願人士合作，而是要花錢請人工作，變成一個專業組織。

匈牙利在一九九〇年舉行首次民主選舉之前，我們還有個短暫時期享有點特權。比起失去人民支持的改革共產主義政府，我們是解放的象徵，這個政府希望和我們合作，以便沾一點我們的合法性。我們捐贈多少款項，他們也提出相對資金，那時就是這個基金會最風光的時刻。經過自由選舉後，新政府有其合法性，我們遂失去原有的地位，之後，基金會之內開始有人活在過去，抗拒改變。

何以匈牙利的自由選舉會使基金會失去地位？

原因很簡單：新政府不喜歡我們。雖然基金會小心翼翼不在政黨政治中有所偏袒，也不自成派系，但基金會的人很多是支持自由民主黨的，這個自由民主黨在第一次自由選舉後成爲反對黨，這並不令人意外，原因是自由民主黨的政綱最接近開放社會的構想。

我可以用比較籠統的方式來說明，共產主義希望建立的是一個全球性的封閉社會，其中全球性這一點受到很多人反對，因爲這一點抹殺了他們的民族認同感，所以這些人採取民族主義的政綱反對共產主義。另有一些人反對共產黨，主要理由是他們希望建立開放社會。在匈牙利，這兩類人分成兩大陣營，就是打贏選戰的民主論壇和輸掉選舉的自由民主黨。

更糟糕的是民主論壇之內有一個激進民族主義的反猶太派系，於是我和他們發生直接衝突，而這卻對基金會起了積極作用，使它重拾原來的使命感。

在新的社會自由黨政府統治下，情況有沒有改善？

對基金會來說，情況是改善了。基金會過去無法和政府合作，現在已完全改觀。在其他地方成功的計畫現在也可以引進匈牙利，特別是教育和公共衛生方面的計畫。

你和政府站得那麼近，對你是否構成困擾？你還獲頒勳章呢。

這對我來說完全不成問題，我並沒有失去我的批判思考能力。問題反倒是：在大部分國家我都遭到攻擊，其中部分攻擊非常可惡，教人無法忍受。

為什麼會這樣？

原因是他們不喜歡我的立場。一般而言，開放社會原則現在受到攻擊。

你曾自稱是「無國界的政治家」，由一個外國公民創辦的基金會能在基金會所在國家有什麼成就？你認為你的限制何在？

這是很合理也很重要的問題。我依靠的往往都是在地人，由他們決定什麼事情是對他們國家最有利的，如果不是這樣做，我就是一個強闖他人國家的入侵者了。我主張開放社會原則，但這不表示反對此一原則的人不可以把我視爲入侵者。克羅埃西亞總統屠迪曼指我支持叛徒，還說我的開放社會概念是一種新的危險的意識形態，所以我的活動往往引起爭議。但對基金會的反對聲浪愈大，對基金會的需要亦愈形迫切。

有人指你干預內政。

當然，我的所作所爲也可以稱之爲「干預」，原因是我要推行開放社會，開放社會超越國家主權，而且它不能從外面強加到任何國家身上。董事會成員中的在地人要爲他們的行動負責，而我則儘量依賴他們的建議。

實際上，我常覺得很難決定採取任何一種立場，原因是每一個國家的政治局勢都不一樣，在某一個國家合宜的立場未必適合別的國家，而且在國與國關係惡化之際，在其中一個國家適當的立場，到了另一個國家迥然不同。舉例言之，我對波士尼亞問題的立場很強硬，我的言論也危及了在南斯拉夫的基金會。我儘量審慎，但也不免有失敗的時候，在過去不盡美好的日子裡，我的處境反而比較容易，那時我沒沒無名，現在卻受盛名之累。

是否有些事情你並不讓你的基金會去執行？你是否也有一些不可逾越的界限？

那當然。我主張開放社會這個概念，但我絕對反對支持政黨。假如一個民主運動正在抵抗一個不民主的政權，我會去支持它，但我的基金會絕不支持政黨，過去沒有，將來也不會，這是違反關於美國基金會的法律的。

說得精確一點，我只能說不論在任何處境中，民主運動和政黨之間的分野可能很難界定，像羅馬尼亞這個國家就是。我在羅馬尼亞支持所有立場超然的報紙，以低價向他們供應新聞紙，於是伊列斯古總統就說我支持反對黨。我回答說，我支持的是多元自由的報界，我們還能互相容忍彼此間的歧見。我引用這個例子的目的，是要說明要決定做到什麼程度是很困難的。

很多人不希望在中歐或東歐出現開放社會，他們要的是封閉的社會，過去的共產黨人是這樣，現在換成民族主義者也是這樣。當有人希望封閉社會出現，他們自然就想把我們從他們的國家趕跑。

在許多國家，你的基金會都形成一股文化力量，現在你又說你想在東歐做生意。東歐國家一般都很弱小，對他們來說，你和你的基金會是不是已經變得太強太大了？

不用擔心，我不會投資很多錢，但基金會卻另當別論。在某些國家中，我的基金會已經變得很有影響力，甚至太有影響力了。我已經意識到這個問題，而且也採取了若干措施防止基金會成爲一個龐然巨物。在基金會網路之內也有制衡機制，我們是很分散的，所以眞正的問題是左手不知道右手在做什麼。

基金會實力最雄厚的地方是烏克蘭，烏克蘭的基金會支持二十幾個獨立組織，這些組織各有各的董事會，所以烏克蘭的基金會反而比較像一個網絡，而不是一個方向統一的權力結構。

但他們之間有很強的關係把他們維繫在一起，他們都得到你的資助。

一點也不錯。

東歐國家既然很弱，在這種情形下，一個強大的組織其分量自然就更重了，若再加上你在商界的分量，那就更不得了。是否可能有一天你的基金會比國家還要強？不過那是違反開放社會原則的。

不論一個國家弱到什麼地步，區區一個基金會怎樣也不可能和它抗衡，原因是國家可以行使壓迫力量，否則基金會就可能和政府發生衝突，但基金會是不能取代政府的。

你不能推翻政府嗎？

不行。你把思想的力量和政治力量混為一談了。

那麼金錢的力量又如何？

金錢的力量如何，我是一清二楚的。我們有很嚴格的規定，以確保受惠的人因為他們的才能而得到我們的獎，而不是因為他們透過某些關係。我們認為，決定獎助對象過程的透明化比獎助本身還要重要，這就是基金會在羅馬尼亞建立名聲的主因。過去羅馬尼亞從來沒有人因為有能力而得到獎勵，以我們的媒體計畫而言，雖然計畫的對象是立場超然的報紙，但我們很小心，對他們一視同仁。常常有人指我們收買人心或收買影響力，但說這種話的人往往就是只會這樣行事的人，我們絕不這樣做，這只會破壞我們的宗旨。

我也知道有一些人提出意見或某種計畫建議，目的主要是想從基金會得到錢，但這是所有基金會共同的問題，基金會必須保護自己。我也知道公民社會沒有其他支持的來源時，基金會會變得很有影響力，我總是設法防止這種情形出現，我的做法是尊重受惠的人的自主權。我想最好的方法就是在我有生之年把我的錢全部花光。

那就是說我們得相信你將繼續做「好人」。

如果你的意思是指我不應該會被權力沖昏頭，你說得很對。爲此，我必須依賴我的批評思維，及繼續生活在坦承不同意我的看法的人中間。試想假如我們不尊重受惠的人的自主，我們能夠把名聲建立起來嗎？假如我們吩咐別人做這做那，他們根本就不會理睬我們的基金會。另外，也想想這個問題：假如我在東歐有一堆藩國，我能拿他們怎樣呢？我在中國大陸就遭遇到這個狀況，他們的理論是，假如你幫助別人，別人一輩子都欠你的情。在某一種意義上，施惠的人和受惠的人互相擁有對方，受惠者指望你一輩子都繼續幫他，否則你就失去你的地位了，這就是我不再考慮在中國大陸重新發起基金會的原因之一。

你說過你不打算在東歐大舉投資，原因不僅僅是你覺得你的錢夠多，而且還因為這些投資可能在你的經商和慈善目標間引起衝突，現在為什麼又改變主意？

因爲形勢改變了。

你現在錢不夠了？

不是的。我不在東歐投資這個決定太簡單了，不足以處理一個複雜的局面，這個決定也只是一種權宜之計，可以避免利益衝突。但到了今天，這種想法已經站不住了。歐洲金融市場正在發展中，我的事業就是在金融市場運作，我有什麼理由不讓我的投資基金在東歐的金融市場操作，再者，東歐國家急需外資，我不能爲了個人方便而不在東歐投資。

你的基金會和可能發生的利益衝突不是不參與東歐市場的充分理由嗎？

這兩點現在已經不是充分理由了。我最初的想法是，有人可以藉我的投資向我施壓，從而影響基金會的活動，現在基金會已經夠強大，不必再擔心這種敲詐，但現在並非完全沒有這樣的危險，只不過程度已經比以前低很多。

此外，我的經驗告訴我，人們比較重視我的投資者身分，對於我的慈善家角色，就沒有那麼重視了。假如我眞的要在這些國家具有影響力，我最好還是扮演一個潛在的投資者的角色。舉例言之，在羅馬尼亞，政府起初對我的基金會很有敵意，後來經過英鎊危機之後，伊列斯古總統急著要見我，而此後基金會的日子也比較好過了，但我目前還沒打算在羅馬尼亞投資。

另外還有一個問題就是，有人批判我利用政治影響力賺錢，爲了防止別人這樣的批評，假如日後有投資機會的話，我都只會代表我的基金會投資，而不是爲了賺錢投資。舉例來說，我現在正籌組一個在烏克蘭投資的投資基金，以支持烏克蘭的企業私有化行動，在烏克蘭的投資我是可以安心的。一般而言，在我已成立基金會的國家投資我比較不安心，因爲我很容易變成另一個勞勃·麥斯威爾或另一個阿曼德·哈默，他們的基金會事實上就是他們生意的一部分。我討厭和他們相提並論，除非你很容易受騙，否則就不應該輕信我建立基金會的最終目的是爲了我的投資鋪路。

但假如你不投資的話，就比較不容易受人攻擊。

的確是，但我故意要讓我自己立於不利之地，做一個完全無私的慈善家不是不好，而是太好了，這會讓我把自己神化了，讓我覺得鶴立雞群，傲然在上且認爲是除惡爲善。我談過我的救世主幻想，但我並不覺得不好意思，原因是假如沒有這種幻想，世界就會變得太冷酷，但這只是幻想，把自己神化了就是脫離群衆。基金會對我個人的最大好處是使我能和人們接觸，但基金會驚人的成長速度及其規模驚人的活動使我有重新脫離群衆的危險，我會變成一個可怕的人。我可以看到，特別是在俄羅斯，人們根本不了解我是怎麼一回事。過去我可以不必向志同道合的人解釋我的動機，但在俄羅斯，人人都在求生存，所以追求開放社會這種抽象目標是很難讓人置信的。去年所謂強盜資本主義事件達到最高潮時，我決定開始重新投資，在我看來，作爲一個關心政治文化價值觀的強盜資本主義者，比起一個不食人間煙火但奢談開放社會長處的知識分子，更能夠取信於人。我可以作爲俄羅斯強盜資本主義者的榜樣，我以投資人的身分加入其他人的行業，我就可以從奧林匹克山下凡，成爲一個有血有肉的人。

但我下凡的速度比原來盤算的快了點。我在俄羅斯市場的泡沫破滅前才進入市場，我知道這一回我一進去就得馬上出來，但進去容易，出來就比較困難，所以我們的部分投資遭套牢，有點自取其辱的味道。以前是神，現在則太人性化了。

你在歐洲的投資可有虧錢？

大致上我們拉平了，我們在捷克的私有化方面很成功。

當時你覺得歐洲需要這種投資嗎？這些國家嚴重欠缺資本，但量子基金對他們來說不是太大了一點嗎？

東歐國家需要金融市場，作爲金融市場的投資人，我們對這些國家開發是有貢獻的，當然我們的目的不爲公益，只是爲了賺錢，我們匯走賺到的錢，這可能並不符合這些國家的利益，但金融市場的性質本來就是如此，假如我們不賺錢，事實上他們反而更吃虧。不過，關於我們投資規模的種種說法都是言過其實的謠言，在整個東歐，我們的投資只佔我們資本的百分之一、二左右，我們也承認，這對東歐已經算很大手筆的投資了，但對我們來說，這個規模太小了，花在上面的工夫算起來有點不划算，我們的一百億美元資金，像一艘超級油輪，卻只能進入少數水深港闊的港口。東歐市場規模那麼小，這實在是一種限制。

投資決定是由你來決定的嗎？

只有關於是不是要進軍的戰略才由我作決定。

有人說你完全按自己的規矩行事，且只要你高興，你又可以隨時修改你的規定。

我認罪。我的確不接受別人定下的規矩，否則我還能活動到現在嗎？我是一個守法的公民，但我也知道有些制度是必須反對、不可以接受的，在制度出現轉變時，常規已經無效了，我們必須隨著環境的改變調整行事方式。

我們來看看我在個人層面上經歷過的重大轉變。我們只談慈善事業好了，最初我總是避免個人牽涉其間，我要做無名氏，儘量避免宣傳，後來，革命的動力加強了，我開始承認我深涉其間的這項事實。一九八九年以後，我開始積極尋求別人聽聽我的意見。單單這一點就是一項重大的改變，但我卻繼續拒絕在東歐做生意，現在我又放棄這方面的堅持。我最初不願意和我的慈善事業有所聯結，到了這個時候，我的立場已經完全逆轉。我接受我的所作所爲——包括我的投資事業和慈善事業——作爲我生命完整的一部分，在某種意義上，我的一生是一個整合我所有層面的長遠努力過程，我對這一點感到很滿意。

我對慈善事業的態度轉變，和我對賺錢態度的改變頗爲類似。最初，我不想將我在商界的事業成爲我的標記，我覺得除了賺錢之外，還有別的，我把我的私生活和我的生意嚴格分開。而後我在一九六二年經歷了一段困難時期，幾乎傾家蕩產，結果對我的影響很深。後來我出了些身心問題，如眩暈等，這段經驗使我明白賺錢是生命中很重要的一部分，現在我要完成這個過程，除去我的投資活動和慈善事業之間的人爲分隔。

現在我的內部障礙已經除去，我是完整的一個人，這讓我有很大的成就感。我知道我是一個風雲人物，但我對這一點感到矛盾，一方面，這很過癮，但另一方面我在商界和慈善事業的活動規模大得讓我感到不安。我必須承認，我本來就希望如此，假如我不是鋒頭很健的話，我可能不覺得我是一個完整的人，這一點讓我覺得自己有點不正常，而這也正是我覺得不安的原因。但相形之下，有不正常的成就總比懷著平庸的目標好，在我一生的頭五十年中，我總覺得我有一些引起內疚的祕密，但現在什麼都攤開在陽光下，我爲我的成就自豪。

對你的轉變，我倒有別的詮釋：基本上你是對事情的開始和暴風疾雨式的革命時刻感興趣的人，現在這些情形在東歐已不復見，我覺得現在基金會乏味的日常工作已經不能引起你的興趣，你只覺得沉悶。長遠而言，作為一個基金經理人還是比作為一個慈善家有趣的，從這個角度看來，基金經理人的角色打敗了慈善家的角色。

誠如你說的事情在開始時那種驚險刺激的感覺及乏味的例行工作等都是對的，但你說基金經理人戰勝慈善家，我並不贊同。比較好的說法是我希望超越這兩種身分，我希望改變我和基金會之間的關係，一如我希望改變我和基金之間的關係一樣，我希望和基金會的經營保持距離，一如我希望和基金的經營保持距離一樣。我只希望制定決策，只在必要時在場，但把權力和責任交給別人，我希望從這些日常的負擔中脫身，使我可以找尋新的天地。這種說法可謂把人的理解力推到極限，我的能力，包括賺錢和行善的能力，已經有很大的發展，我只擔心我的思維能力和對這個急遽轉變中的世界的理解力未能和我其他兩方面的能力並駕齊驅。

但歸根究底，你覺不覺得你在歐洲成立的基金會是成功的？捐出那麼多之後得到成果了嗎？

肯定是的。以我經營基金會的方式而論，我主要碰到的都是問題，但我在各地的旅途中，很強烈地感覺到基金會的傲人成就。

你談到在後革命時期基金會的工作方式要和以前在共產黨政權之下的時候不同，到底哪些地方要改變？

基金會要變得專業化，過去我不太能夠接受這一點，最初我還想基金會最好是反基金會的基金會，而且有一段時間我還滿成功的：匈牙利的基金會完全沒有困擾一般基金會的毛病。之後革命發生了，我得應付此一挑戰，這場革命是改造世界的一個機會，於是我全力投入，現在革命正在降溫，但革命的使命並未完成，於是對基金會的需要仍然迫切，但假如基金會不能成爲一種制度，不但很難繼續下去，而且還會有害。不用官僚，我們就會變得浪費，而且往往會反覆無常，首尾不一貫。我現在已經能夠面對現實，終於明白我們要有健全的組織和官僚架構，我們也要從短跑改爲長跑。

你希望基金會繼續存在多久？

到錢花光爲止，但我希望他們儘快花錢。

那要多少時間？

依我看，至少要八年，但可能更長，也要看量子基金的表現而定。中歐大學會得到長期捐款，而基金會也可能在我去世之後才會消失。我現在明白，基金會的使命——建立開放社會，不是只經過一次革命就一蹴而幾的，我現在想事情已經開始用聖經的數字：在曠野中思考四十年。

為什麼基金會不應該永遠存在？

原因是基金會一定會偏離原來的宗旨，他們是負有使命的機構，而機構往往把自身利益放在原來宗旨之上。

你怎能假定基金會最終會變成多餘？即使是運作得比較妥當的西方社會也可以從開放基金會身上受惠。

東歐社會肯定長時間需要基金會，但我必須假設基金會將日益衰微，一個已經無法行使判斷力的死人不應該再捐錢給他們。

我肯定未來十至四十年內，一定會有人到處四出尋覓新的贊助人，以免你的基金會倒下去。

現在已經有人在這樣做了，我覺得很高興。這表示基金會正設法證明他們是有繼續生存的權利的。

基金會網絡發生了什麼變化？

最大的變化是現在我們開始有預算了。過去只要有人提出合乎我們標準的計畫就可以拿到錢，假如計畫失敗，就不會繼續拿到錢，那很混亂，很適合東歐混亂的革命過程。但這個辦法現在已經不再適合，現在我們要爲一整年的活動預先規劃好，這一點倒改變了基金會的性質。

我們也從快速成長期進入鞏固期。一九九五年將是我歷來首次不能用現行收入資助基金會的一年，我要動用老本了。

你對此有何感想？

我不介意，事實上我也很樂意。我現在步我父親的後塵——花老本。但基金會並不樂見這種情形，他們適應得比較辛苦。你說我按自己的規矩行事，但只要我高興，我又可以隨時修改你的規定，我也承認一點，我喜歡根據環境調整我的行事準則，這讓我覺得局面完全在我掌握中。但組織並不喜歡變，他們喜歡穩定，事實上我花了不少精神才領悟這一點。舉例言之，匈牙利的基金會在共產政權下表現非常突出，但新形勢出現後，就不能適應了。現在還要看整個網絡對正在出現的改變如何調適。

你自己又怎樣適應？

我已經在做表率了。我也明白我不是一個組織者，所以我準備把一切和組織有關的都放手給符合資格的人，我只保留制訂策略的權利，我要儘量保存基金會的精神。

第七章　無國界的政治家

你覺得東歐國家的經濟前途會如何？他們爭取到自由和獨立的時機，正是強大的西方經濟遭遇若干重大危機的時候，而且西方經濟還面臨很多要花長時間才可以克服的問題。

一九八九年革命發生的時候，西方民主國家的情形很不錯，當時他們未能針對東歐實行前瞻、慷慨的政策，原因不在於他們經濟有困難，可是整件事卻反其道而行。那就是說，西方世界目前遭遇種種困難，部分原因可能是他們當年未能妥爲適應前蘇聯解體的緣故。

談到東歐經濟前途的問題，我們要在中歐和東歐之間畫一道界線，在界線的一方是波蘭、捷克共和國和匈牙利，在另一方則是前蘇聯。在這兩類國家中間還有斯洛伐克、羅馬尼亞和保加利亞。中歐已經朝著市場經濟有所進展，基本上我也樂觀地認爲他們將繼續朝這方向走，除非有什麼重大的政治或軍事問題出現。瀕臨波羅的海的三小邦——愛沙尼亞、拉脫維亞和立陶宛——我對他們的信心較不足，但他們的情形也和中歐國家差不多。這些國家都有穩定的貨幣，目前情況雖然比較困難，但最艱難的時候已經過去了，目前正朝著正確的方向走。

前蘇聯的加盟共和國情形就很不一樣了。蘇聯制度已經解體，但沒有新的制度起而代之。目前的趨勢是不斷地朝著解體和腐化墮落邁進。現在很難說日後情況會壞到什麼地步。不過，這在歷史上也有先例可循，像在十六世紀末期的「問題時代」和俄羅斯革命。在一九一三至一七年間，工業生產下降了百分之七十五，一九一七至二一年間再下降百分之七十五。這是很有可能再發生的事。即我常說：有一種「黑洞」足以摧毀人類文明。

但工業生產狀況已經差不多穩住了。

不錯。許多仍在運作的工業企業，已經學會求生之道。東歐經濟就像一隻被砍了頭的八爪魚，觸鬚差不多已經學會怎樣適應、怎樣獨立生存。我說「差不多」，原因是他們還要靠國家預算過日子。

在一九九四年俄羅斯出現了一個頗有趣、也頗讓人覺得意外的現象。當時俄羅斯進行大規模的私有化計畫，國營企業幾乎免費送給民衆。於是企業馬上分成兩類：一類是股票值錢的企業，另一類是股票不值錢的企業。一般而論，生產能源和原料的企業屬於前者，使用能源的企業就屬於後者。在此以前，本來就已經有這種區別，但這項私有化計畫把他們的區別變得更明顯。這還引起了一股餵股熱潮。天然資源股的售價只值這些股票潛在價值的一小部分。全世界的地下石油都要賣兩美元至三美元一桶，但在俄羅斯只賣兩三分一桶。於是這吸引了國內外不少積極進取的投資者，造成歷史上最奇特的一次股市暴漲。涉及的本不多，只有幾億美元，但成長率非常驚人。部分股票在一九八四年三月至八月間的幾個月之內漲了十倍。俄羅斯的股票市場是很粗陋的，既無清算機構，也沒有股票保管單位，股票登記機關的管理也很不妥善。銀行和經紀商也缺乏頭寸，於是很樂意付出月息十厘給美金存戶。

你就是在那時候改變主意，決定開始投資的嗎？

不錯，那就是我解除投資禁令的時候。我受不了誘惑。市場是個還在雛形階段的市場，還有不少上揚的空間。我們爲什麼要隔岸觀火。但我在秋天到了莫斯科時，我看看那邊的情形，心立刻就涼了，種種跡象顯示這是個快要破滅的泡沫。於是我下令出售股票，但我得到的是一個典型的疑問：賣給誰？

不過，在一九九四年，我們還隱隱然看到新秩序從過去的灰燼中建立起來，情形有點像十九世紀時強盜資本主義在美國流行時的情形，但更糟糕的一點是，俄羅斯的法制基礎薄弱多了。當時很多人都談到黑幫問題，但黑幫其實是公共安全私有化，而且在俄羅斯，黑幫還是私有化最成功的例子。

治安是否已經完全崩潰？

也不是，但俄羅斯當局也追求私利。所謂黑幫其實是企業家和官員結盟組成的網絡。這也是自由企業的黑暗面。

你肯定不覺得這有什麼吸引力，對不對？

我覺得這十分討厭，但也許比另一種選擇好一點。人們按照強盜資本家的方式行事，就因爲這是在一個全無法紀的社會裡成爲資本家的唯一途徑。在這些強盜資本家中，不少是受過教育的好人，他們也許和我一樣討厭這情形。假如有一點點機會，他們絕對願意做個好公民。在美國，芝加哥、波士頓和塔曼米・荷爾時代的紐約市，都曾因爲過度腐敗而引起公憤和民衆要求廉潔政府的呼聲高漲。假如強盜資本主義成功的話，同樣情形也會在俄羅斯出現，原因是俄羅斯人很重視誠實。

但這並不是必然的，原因是強盜資本主義還未站穩就已經逐漸被摧毀了。股票價值在一九九四年夏天暴漲十倍的企業當時一毛錢也得不到，賺錢的只是買入股票後轉手的人。據說要等到私有化的第二階段企業才會分到錢，但泡沫已經破滅了，有沒有一個比較像樣的第二階段還是個問題。部分能源企業肯定要試試看，原因是他們的管理階層發現可以透過發行股票籌措資金，於是正積極準備。但我覺得他們搞不出什麼名堂來。

你為什麼那麼悲觀？

部分原因是新興市場大起的泡沫已經破滅了——俄羅斯是最新的一個新興市場，也是最奇特的一個，另一原因就是俄羅斯國家的政治發展情況。

我們試想想看，假如在俄羅斯有一個強盜資本主義政權，將會造成什麼政治後果？在這種情形下，生產天然資源的企業將會變得興盛，但軍工企業就會式微。假如天然資源業興盛，進口就會穩健上揚，原因是消費者比較喜歡進口產品，而比較不喜歡本國生產的商品。服務業——包括銀行業、金融服務業、經銷業和貿易業也會興旺，而生產財卻幾乎全無市場可言。但目前佔俄羅斯經濟分量最大的卻是生產財這一個部門。前蘇聯的經濟是嚴重扭曲的：生產財工業，包括軍工業，稱爲甲部門，這個部門竟佔工業生產的百分之七十五。輕工業稱爲乙部門，只佔工業生產的百分之廿五。在市場經濟之下，兩個部門的比例恰好是相反的。而且在俄羅斯，使用能源的工業比較吃虧，原因是假如石油和原料在世界市場出售，價值卻遠比這些石油和原料在國內變成產品時的價值高。但問題是軍工業在俄羅斯的政治勢力很大。簡言之，俄羅斯的政治角力就是這兩個利益集團之間的鬥爭。能源生產部門的代表是總理齊諾米爾丁，軍工業部門的代表則是第一副總理索斯科維茨。雙方之間的鬥爭當然比較複雜，目前莫斯科市長、聖彼得堡市長和其他地方官員也不容易在其間扮演夠分量的角色，但鬥爭的兩大敵對勢力是什麼，倒是相當肯定的。在這場仗中，使用能源的一方被看好，原因是他們不但在政治上較有分量，政治立場也很有利，可以利用人們的民族主義情緒爭取支持。強盜資本主義會引起俄羅斯經濟的空洞化，大批工人將失業，要另謀出路，這種情形在任何國家都會引起社會的抗議，俄羅斯自然也不例外。

強盜資本主義才剛剛抬頭，各種政治勢力就馬上串連起來對付它。從一九九四年中開始，索斯科維茨就已經佔了齊諾米爾丁的上風。即使是車臣內戰，不論這場戰爭打得如何混亂，也成了軍工業的籌碼。強盜資本主義的鵝還沒下金蛋，首先就被吃掉了。

俄羅斯進軍車臣，這事你如何解釋？

我沒有特別的看法。顯然俄羅斯當局的目的是利用一般人對車臣人的偏見。有不少俄羅斯人認為，車臣人是和黑幫掛鉤的，俄羅斯當局也想藉此一戰役提振總統葉爾欽的聲望。但這場戰爭的處理方法實在糟糕透了。開始時只是針對內亂進行一次秘密的間諜活動，由於行動失敗，於是轉變成全面入侵，後果很難估計。

你覺得會有什麼後果？

所有可能的後果！現在權力鬥爭已經到了任何事都可以發生的程度了。在一個國家內，假如人民什麼東西都可以偷的話，就算是國家本身，誰有能力誰都可以搶走，只是目前經濟還未能完全支持國家機器，所以國家沒什麼值得搶的。也有人嘗試過，只是失敗了，還記得無能的官僚曾發動政變推翻戈巴契夫嗎？但時間過得很快，人們也平靜下來了，甚至經濟也穩定了一些。所以現在是比較值得冒險一試的，事實上這種事情也一直有人在進行中。現在有一群壞蛋圍繞在葉爾欽總統周圍，想要設法奪權。這群人中，最顯眼的是葉爾欽的酒友兼侍衛長柯傑可夫，柯傑可夫也許還是這群人的首腦。現在總統府衛隊已擴編成一支軍隊，而且還爆發若干可怕的事件。例如，一位銀行家控制了某電視台，電視台對葉爾欽抨擊甚力，總統府衛隊竟然蒙著臉襲擊電視台的安全人員。國營電視網一位居要津的官員在車臣首府格洛斯尼圍城一役時立場比較超然，立刻遭人謀殺。某知名異議人士批評國家權力遭到濫用，同一天他兒子就在一宗可疑的車禍中喪生。顯然有人企圖在選舉前採取有計畫的行動，來威嚇立場超然的傳播媒體，要他們閉嘴。

我看不出獨裁政權——假如這的確是在醞釀中的話，何以和強盜資本主義不相容。事實上法西斯主義的本質就是這樣。

這看法很有見識。但我認爲你不能那麼肯定法西斯主義會在俄羅斯勝利。主要原因是這一場仗現在才開始，人們不會輕易放棄他們才得到不久的自由並且放棄抵抗。傳播媒體已經讓俄羅斯人看到車臣的慘狀，全國上下都震驚不已，這情形有點像傳播媒體播出波士尼亞的血腥畫面後一樣。事實上，俄羅斯受到的震盪還要大一點，這是俄羅斯人首次看到的殘暴畫面。我相信大部分人不會憤而起義，大部分人永遠都是被動的，都免不了吃虧的，但我想傳播媒體會爲他們的自由拼命掙扎。所以最近發生的暴行，往往都是媒體吃虧。

他們抵擋得住這種壓力嗎？

假如沒有別的抗衡力量，他們恐怕熬不了。

別的抗衡力量從何而來？

來自國外。俄羅斯人很關心外面的人對他們的想法，葉爾欽也是其中之一。他可能受到周圍的一群壞蛋控制，但他不可能對此感到安慰。德國總理柯爾爲了車臣的事好幾次打電話給他，他總是想有所表示，但很可惜竟然沒有人遵行他的命令。他下令停止轟炸車臣，但完全沒有效果。柯爾是眞正關心俄羅斯國家局勢的人。我只能說：希望我們的政府也同樣關心就好了。

有一個正在發生作用的因素，大家可能還未領悟到其重要性，這個因素就是俄羅斯軍方。俄羅斯軍方迄今仍未插手政治事務，但車臣事件也確實是衝擊力很大的事件。戰場上的指揮官抗命，大批屍體運回國內，這些事件使軍方受創不輕，而且出現內部分裂。軍隊一旦政治化之後，事情會發展得很快，對俄羅斯政壇的影響也會很深遠。同一情形曾在西班牙內戰之前出現，這也是目前俄羅斯的寫照。

你想可能會爆發內戰？

我想軍方日後將在政壇扮演一個比較積極的角色。任何企圖攫取國家控制權的人都會遭遇阻力，但我們無法預測是否會壞到變成全面內戰。什麼事情都可能發生，包括內戰。只有一點是肯定的：政治不穩定對投資不利。這就是我之所以認爲強盜資本主義和法西斯獨裁政權至少在短期內成功機率比較低的原因，同時也是我認爲情形會日趨不穩定的理由。目前情況正趨近我所謂的「黑洞」情況。

我還是不明白你何以要在這種情形下投資。

一九九四年的情形和現在不同。當時的情形可說是典型的革命局勢，情況很快就逆轉，所以這才稱得上是一場革命。我當時已預見今天的局面；但去年的強盜資本主義風潮卻讓我措手不及，因爲這正好和金融市場的正常演變過程相反。一般的情形總是先建立法制基礎，然後就有外國直接投資，接著才是外國部位投資。但在俄羅斯卻剛好相反，一開始就有外國人的部位投資，而這種投資便催生了強盜資本主義。什麼是強盜資本主義我非常清楚。波士頓第一瑞士信用銀行的皮爾斯・喬丹在開拓市場方面的表現令我刮目相看。他和其他人不一樣，不設法獨佔市場，以便讓別人有運作的空間，並設法幫忙建立制度。他讓我想起年輕時主動幫忙開拓瑞典市場和其他市場時的我。不過，包括我對基金會所在國家投資的禁令，以及投資所牽涉的角色轉變等若干原因，拖慢了我對局面的理解，結果我們不是第一個踏進市場且第一個脫身的投資者，而是最後進入市場且又最先抽腿的人。

你覺得你在俄羅斯的基金會情形如何？

我很關注。我花了不少錢——單單國際科學基金會就花了我一億美元，假如俄羅斯垮台，我花的錢大部分都會浪費掉。

可是你不是說目前的事態你早就預料了嗎？

不錯，我盡了一切力量避免目前的情形出現，在此一方面我沒有遺憾。雖然我沒有成功，可是我的努力和我的嘗試是値得的，因爲有那麼多東西的命運都和這事有關。現在我最擔心的事情出現了，我根本不知道應該怎麼辦才好。我現在不能抽腿就跑，有些人在最艱難的時候我必須支持他們，我跑就是棄他們於不顧。同時，假如要我莫名其妙地繼續花錢，那也違反我的本性。現在我等於作繭自縛。不過，稍稍可以讓我覺得安慰的一點是，有一種關於「死而復生」的說法。不論俄羅斯在短期內會出現什麼局面，我們播下的種子將繼續生存。

你現在在設法脫身嗎？

不，我們的戰役還未開始。

但你投資虧損的部分減少了，對嗎？

那不是同一回事。投資是爲了賺錢，慈善是爲了一種主張，即使這種主張失敗，也是要做的。我現在不能抽腿。我已經準備了策略，以後會按形勢的變化調整。

你的策略是什麼？

我們原來打算對國際科學基金會的捐贈是一次捐贈，而且基金會也只是一種應急行動。捐贈的數額是一億美元，目的是讓基金會可以在經濟脫序時生存。若以國際標準衡量，這個基金會是一個很傑出的組織，也是在前蘇聯境內獨立思考和獨立行動的主流組織。

基金會已經完成使命。我們打算在兩年內花光的錢，在一年半之內就已經確實做到。我們的計畫得到很好的評價；因此有關政府，包括俄羅斯政府、烏克蘭政府和波羅的海三小邦的政府，都建議撥出等額款項讓我繼續作下去。我接受了他們的建議，並已經捐出一九九五年的款項，但我不會把計畫延長到一九九六年，原因是我覺得特別是在歐洲和美國，任何機構在推行政府的計畫時，花不完的經費必須歸還。假如我是西方唯一對俄羅斯科學的支持者，總是有點不妥當。科學家要求我向政府遊說，爭取政府的支持，我拒絕了，他們應該自行遊說政府。我們正逐步縮減整個行動的規模；我們已經着手結束國際旅遊計畫了。同樣地，也把晚一年推出的國際科學教育計畫包括在內；除非有外來支援，否則也要在一年後結束這項計畫。不過，我打算繼續供應國際科學期刊，原因是出版商提出的條件很好，可以和政府的同額撥款等量齊觀。另外，即使我得不到外力支援，國際網際網路計畫也將保留，原因是這個計畫才開始起步，我覺得國際網際網路對提供建立開放社會的先決條件是很重要的。我也設法使我們的人文科學轉型計畫發揮最大功效——今年我們將印製數以百萬計的課本。我也將繼續設法使所謂「厚期刊」生存下去，這些所謂「厚期刊」就是在俄羅斯歷史上扮演重要角色的文化期刊。我也準備推出支持文化活動、公民社會和傳播媒體的新計畫，但計畫的規模不會像俄羅斯人預期的那樣大。只要俄羅斯的公民社會支持，而俄羅斯當局也能夠容忍的話，我將按照此一策略繼續進行下去。但我對前途還是免不了會有點悲觀。

你是不是覺得本來局面是可以有轉機的？

我深信這一點。西方的強國本來就大有能力拖慢前蘇聯解體的速度，並在前蘇聯的封閉社會崩潰前爲開放社會打下基礎，西方國家只要給戈巴契夫的新思維和改革政策一點積極支持就行了。戈巴契夫很希望西方在這一點上給他支持，但他卻天眞地認爲，只要打開一個窗口，自由世界就會爭相提供助力。但西方國家既無遠見，也缺乏政治意願。一九八九年春天在波茨坦舉行的一次東西方安全會議上，我提出一個新版本的馬紹爾計畫，但這次主要由歐洲付錢。據法蘭克福大衆報報導，當時與會者只「報之一笑」。假如他們比較重視我的建議，後來的歷史就不會是這個樣子了。

你是否高估了西方國家插手當時蘇聯內政的能力？

完全沒有，我根據的是個人經驗。早在一九八八年，我已經向蘇聯當局建議在經濟體系之內畫分出一個「開放」部門來。當然我不像今天那麼有名氣，那時我只是一個無名小卒。可是我卻意外地得到積極回應。我承認那時蘇聯當局的合作是有點混水摸魚的性質，但在我的堅持下，芮茲科夫總理下令有關官員和我開會。

結果怎樣？

沒有結果。我當時的構想是在中央計畫經濟之內成立一個市場導向經濟部門，這個部門一方面和消費者的距離不會很遠，但也不會到了生產的最下游，例如食品製造業。我的構想是一個雛型的市場經濟，在中央計畫經濟之下成長。但我不必參加很多會議，就知道這位蘇聯母親的沉疴太嚴重了，以至於孕育不了一個健康的胚胎。

那你不是自相矛盾嗎？假如在一九八八年時蘇聯的中央計畫經濟已經病入膏肓，西方的經援還能起什麼作用？

可以減緩解體的速度，讓民衆覺得民生有點改善，同時也可為經濟改革爭取一點支持。舉例言之，假如進口一點衛生棉，那麼一向只能使用較原始衛生用品的婦女就會比較踴躍支持經濟改革。引進一些電子玩意，就可以激勵年輕的一代。當時蘇聯的債信還是第一流的，雖然當局積欠的貸款以數十億美元計算，但蘇聯總是一絲不苟地準時償還。

何以這些債務在蘇聯不能發揮預期的作用？

原因是這些貸款都是不附條件的，假如附了條件，這些條件都是對貸方較為有利，對借方卻沒有什麼好處的。舉例言之，德國貸款數十百億美元給蘇聯，目的就是要戈巴契夫同意兩德統一。我還記得當時義大利提供五十億美元信貸，但目的是要為義大利出口商品促銷。當時出口商還要每人支付百分之五的營收給義大利外長狄米契尼斯的兄弟，現在此人已經入獄。貸方根本想不到這些行動對蘇聯經濟的影響有多大。假如他們堅持的話，他們不難開出各式各樣的條件，而蘇聯當局當時也樂於有人告訴他們該怎麼辦。我是在參與開放部門工作小組時知道這種情況的。但我沒有資格提出條件，原因是我沒有提供巨額貸款。但我的確想提出條件，而且還要確實執行。那時實在是該管別人閒事的時候，管了，別人還會感激你。

那會有用嗎?

大概沒有。那時什麼都不會奏效，可能只會有一點點的效果，但也可能出現一些積極效果，使歷史改道。戈巴契夫就是欠缺一點成就。

當時是否有可能使蘇聯免於解體呢?假如能夠的話，是不是值得?

我肯定蘇聯始終免不了要解體，但我也深信，假如解體的過程慢一點，而且也比較有序的話，效果會好一點。試看看大英帝國的解體，整個過程花了半世紀的時間，而且其中不是沒有衝突的，但結果幾乎全部都是好的。

但英國是民主的搖籃?

所以蘇聯需要更多時間進行解體工程。我現在說蘇聯假如不解體將會更好，南斯拉夫不解體也會一樣，我這樣說不會使我變得受歡迎。我覺得假如兩國都沒有解體的話，他們才可能從極權制度過渡到自由民主制度。當然有人會要求自治，獨立的烏克蘭終究也會出現，但自治和烏克蘭獨立會花比較長的時間實現。而且這樣烏克蘭在獨立時反而比較穩定，也比較容易生存。胚胎要在這個世界存活，不是先要花九個月時間在母體內嗎？從蘇聯廢墟中建立的國家，沒有足夠的時間發展，他們就像早產兒一樣，能否生存都成問題。

我是熱烈支持所謂夏塔林方案的，這個方案又稱為五百日計畫。從一開始我就參與這個方案的推行。特別小組成立之日，我還和戈巴契夫的經濟顧問裴特拉科夫會面。後來，我帶了一批傑出的國際經濟專家審查這項計畫，請一群律師起草必要的法案，還把在雅夫林斯基領導下撰寫此一計畫的專家帶到華盛頓參加國際貨幣基金會和世界銀行的一九九〇年年會。

夏塔林方案的目的是要把蘇聯的主權移交給各加盟共和國，同時又把主權的部分重要內涵移交給一個新成立的共和國理事會。理論上，這個共和國理事會將取代蘇聯而成為一種類似歐洲聯盟的聯盟。但實際上，計畫將把共和國理事會和舊有的蘇聯當局對立起來。由於舊有的政治中心幾乎是全世界都不齒的，新的政治中心只要和舊的政治中心對抗，就自然而然得到民衆的支持。

這是一個非常高明的政治概念，只可惜當時不為人所理解。假如該計畫得到國際支持，我肯定戈巴契夫一定會同意。我記得艾巴金向我吹牛說他如何如何說服戈巴契夫反對此一計畫。他的論點是這樣的：理事會把十二個共和國聯合起來，但會員卻有十三人，戈巴契夫就是這第十三位會員，但除了他以外，其餘十二個會員都有領土依據，只有他沒有，因此他將是十三人中最沒有實力的一人。這論據終於佔了一時的上風。但一年後，葉爾欽利用俄羅斯作爲他的權力基礎把戈巴契夫推翻了，同時也解散了蘇聯。假如戈巴契夫當時採納了夏塔林方案，他可能到現在還在掌權，而蘇聯也可能不會解體，只是改革而已。

你說你當初曾參與夏塔林方案，後來蘇聯解體後，你可有參與他們的改革過程？

有是有，可是不在俄羅斯。我和蓋達友善，本來也打算幫忙他，但我很早就發現改革已經誤入歧途。一九九二年四月，我發現企業累積的應收帳項差不多已經達到工業生產總額的一半。換言之，工業生產的一半左右是不受到貨幣管制政策支配的，此貨幣管制卻是蓋達政策的基礎。半數的企業不管他們是不是得到補貼，根本不理會貨幣信號，繼續遵從過去的方式——根據國家訂單生產。這可說是一項驚人的發現。後來有一晚蓋達到紐約看我，我就拿這一點質問他，他也承認有此情形。但後來在同一星期內，他卻在華盛頓發表了樂觀而且振奮人心的演說。於是我開始主張西方的援助應該要以建立社會安全網爲條件。這種措施應可促使俄羅斯政府迫令不理會貨幣信號的企業破產。但我的主張推動不了什麼。

好像你主張的政策一項也沒有實現，這很打擊士氣，是不是？

當然了，但我可以自行實踐的政策卻成功了。我推動了一個試驗性計畫以說明我的社會安全網主張。這就是國際科學基金會的緣起。我們每年發放給約三萬名科學家每名五百美元，這項計畫進行得很好。我曾私下建議在軍中實行類似計畫，但我不願意支付費用。全部費用估計爲五億美元左右，但假如實行起來的話，會收到實際效果。

你對西方政策很有意見，你對國際貨幣基金會有何建議？

我不願意身陷他們目前的處境，但我也不喜歡自己目前的處境。

可不可以說得明白一點？

我想假如現在要影響俄羅斯局勢的發展，已經太遲了。俄羅斯人過去對西方的期望可能太高了，於是現在更失望，更覺得幻想破滅。我們的影響力也大不如前了。甚至進步分子也開始變得反西方了。新思維的設計師兼前國營電視台董事長雅科夫勒夫就曾對我切齒抱怨美國的政策。

但你在烏克蘭卻很活躍。

對的。烏克蘭才是可以有實際作爲的地方，我目前在那裡盡力想起點作用。到現在爲止，我還未覺得士氣遭到打擊，反而還有點成就感。從一九八九年到現在，西方國家終於做對了一次。那就是他們在一九九四年那不勒斯高峰會議上發表宣言，答應只要烏克蘭進行改革，就提供四十億美元援款。剛好那時古茲馬當選烏克蘭新任總統。

古茲馬以前的前任總統克拉夫邱克是一位機會主義者，也深知烏克蘭的問題不是他的能力可以解決的，所以他根本連試都不試。他只希望繼續掌權，然後隨波逐流，像浮沉在怒海中的一個軟木塞一樣。克拉克邱克原來是烏克蘭共黨理論家出身，從共產主義改投民族主義只是他的一種方便。但這一點很有效，他贏得百分之六十的選民支持而當選總統，比世上任何一位總統都要厲害。爲了鞏固他的聲望，他不惜拿烏克蘭和俄羅斯關於黑海艦隊的爭端等民族主義問題煽風點火，但經濟崩潰扯了他的後腿。

古茲馬是截然不同的另一種人。軍工業重要企業經理出身的他比較傾向解決問題。他明白以目前的情形而論，烏克蘭是不可能以獨立國家的身分繼續生存的，於是他決意想辦法解決問題。那不勒斯高峰會議拋給他一條救生索，他馬上抓牢。對市場機制不甚了解的他也明白四十億美元的援款可以對烏克蘭起多大的作用，原因是烏克蘭進口能源的成本就是四十億美元。就這麼一次，經援承諾完成了使命，改變了烏克蘭經濟政策的方向。這次主要歸功於美國財政部的資深官員，他們把經援數額加進了那不勒斯高峰會議宣言之內。

不論過去和現在，烏克蘭的局勢仍然岌岌可危。烏克蘭經濟崩潰比俄羅斯經濟崩潰還要可怕，部分原因是烏克蘭能源不能自足，其他原因則是烏克蘭當局並未認眞進行宏觀經濟穩定措施或體制改革。但根據我的大起大落理論，這樣的轉向反而比較容易。我當時剛好處於有利位置，於是我馬上毛遂自薦。我們找了艾斯倫（譯者按：瑞典籍的蘇聯問題專家）領導一群專家幫忙烏克蘭研擬經濟改革方案以及和捐款國接觸。我們的合作很成功，而且還在最短時間內和國際貨幣基金會達成初步協議。但我們不能保證改革成功，原因是整個過程可能會在某一個時候脫軌，事實上我們已經有好幾次費了九牛二虎之力才把改革重新納入正軌。現在我頗有把握改革的方向走對了。

你有把握改革會成功嗎？

完全沒有把握，我現在還看到其中有一些重大缺失，這些缺失和蓋達在一九九二年提出的方案差不多。貨幣的發行是受到控制了，但預算和國營企業的行爲仍然不受約束。花錢的部會繼續花錢，企業繼續虧損經營，負債日增，但積欠的薪資和應付的帳項仍未支付。這是難以爲繼的，但問題也不是不能解決。解決之道就是進行體制改革，我希望體制改革很快就能上軌道。這次和蓋達的時候不一樣，我除了失敗之外，還有事情可以做。

對你來說，這一定是前所未有的經驗？

是的，也很讓人愜意。

何以這經驗來得這麼遲，你不是從一九八八年開始就不斷努力的嗎？

原因是要趕上革命性的變化要花時間。不但國際當局是這樣，烏克蘭人是這樣——例如郝維利辛辦的商學院畢業生施皮克，此人也是烏克蘭這支團隊的要角之一——我也是這樣。

你一向很自豪的一點是你對革命的理解比別人深，不是嗎？

但我要花時間建立我的地位，我也要學會冷靜，等待機會。當初我太熱心了，有機會絕不放過。現在我隨時可以袖手旁觀或撤退。我毋須得分。

你在別的國家也同樣活躍？

馬其頓。這是巴爾幹半島碩果僅存的多民族民主國家，假如馬其頓政府能夠奉行開放社會的原則，馬其頓就可以繼續以獨立國家的身分存在，否則馬其頓裔人和阿爾巴尼亞裔人兩個族群之間的緊張關係足以把整個國家扯成兩邊。歐洲共同市場會員國希臘非法且不合理地封鎖馬其頓，使馬其頓人吃了不少苦頭。西方民主國家本來是應該支持馬其頓的，但未見他們採取行動。美國只派了一些維持和平部隊，但卻不採取任何行動以減輕馬其頓的經濟困境。我只好挺身而出，向馬其頓提供二千五百萬美元貸款，使該國可以購買石油，也提供了補貼，使馬其頓可以空運蔬菜出口。我不斷鼓吹西方各國採取建設性的對馬其頓政策，但一點用處也沒有。馬其頓的經濟開始惡化，種族關係也愈趨緊張。兩個種族的緊張關係最近已經到達臨界點。阿爾巴尼亞裔激進分子最近不徵求政府同意擅自成立了一所所謂的大學，這分明是政治挑釁，目的在效法科索伏（譯者按：在塞爾維亞共和國境內）一地的阿爾巴尼亞裔人一樣，要在馬其頓境內建立非法的平行架構。

我苦勸馬其頓總統格里哥洛不要上鈎，但他不聽，出動警察鎮壓，結果有一人喪生。於是阿爾巴尼亞裔和馬其頓人都變得激進了。阿爾巴尼亞裔聚居地點之內的馬其頓人愈來愈贊成塞爾維亞共和國總統米洛謝維契處理科索伏阿爾巴尼亞裔的方式，但政府的領導也不夠堅定。因此馬其頓的局面可能惡化，我爲此很感苦惱。預防和預警兩方面，我做的比誰都多，但也沒有辦法。我現在已經預見第三次巴爾幹半島戰爭正在醞釀中，但我卻束手無策。我打算親自前往馬其頓勸他們想清楚一點，但我沒有把握他們有沒有想清楚一點的能力。

你說過，你認為民族主義的抬頭是對這個區域的最嚴重威脅。

不錯。共產主義代表的是封閉社會的概念，但此一概念已經失敗了。於是，我們發現了一個窗口，這個窗口可以使開放社會有一個實行的機會。但條件是必須得到自由世界開放社會的支持。開放社會是比封閉社會先進的社會組織方式，假如沒有來自外界的援助，從普遍落實的封閉社會一躍而成爲開放社會是不可能的。但西方國家缺乏遠見，於是機會就白白斷送了。封閉社會已經崩潰，但沒有新的統一原則取而代之。所謂普遍原則，一般都是具爭議性的。人們大多只關心個人的生存問題，一旦他們的集體生存遭到眞正或假想的威脅時，才會激起同心合力的意識。很可惜的是，這種威脅是不容易製造的。人們可以利用種族衝突動員群衆支持領導層，並建立特別封閉的社會。米洛謝維契已經帶頭了，效法他的人還眞不少。

你認為民族主義的威脅具有普遍性嗎？

你的問題有點自相矛盾，因爲在定義上，民族主義應該是特殊的。但民族主義也有其普遍性。民族主義是可以擴張的，一旦我們缺乏所謂的普遍原則時，例如人權原則或公民操守原則，民族主義就會壯大。種族主義的抬頭和種族衝突的發生顯示國際法治和秩序都已經失落了。民族主義分子往往是一群志同道合的人。米洛謝維契和屠迪曼互相了解，他們可以合作共創一番事業。

你對俄羅斯是悲觀的，但卻對中歐樂觀，這可使我有點意外。他們的前景肯定優於前蘇聯的加盟共和國，但我認為還不能肯定中歐國家已經踏上市場經濟和開放社會的路途了。

你覺得意外，反而使我有點意外。除了斯洛伐克以外，共產主義制度已經成爲過去式了，這些國家肯定會蓄意走向民主和市場經濟。我最擔心的是歐洲聯盟是否夠開放到可以接納他們的程度。

過去的共產黨現在又在波蘭和匈牙利掌權了，難道你不擔心嗎？

我不特別擔心。作爲一種思想，共產主義已經死了。在革命的最高潮時期，不少共產黨人遭到選民唾棄。他們能夠回到公共事務舞台，那就表示，民主的範圍變得更廣了。我並不同意他們的政策。相反地，我覺得他們的政策有害。但以波蘭而言，農民黨比前共產黨更糟糕。在匈牙利，社會黨和自由黨成立執政聯盟時，我對他們期望很高，但此後我對經理賀恩有點失望。

為什麼？

因爲他沒有改變。我在一九八七年左右初認識他時，認爲他是政府之內最有衝勁的官員。但到了一九八九年，我覺得他幾乎成了一個反動分子，因爲環境在變，他卻沒有變。匈牙利最大的問題是沉重的負債。這些債務是在卡達爾主政時積欠的，當時正是賀恩的政治態度成形的時候。但他把這些態度帶到現在的位置上來。他希望靠舉債維持現在的經濟成長，但好日子已經一去不復返了。匈牙利現在繼墨西哥之後面臨經濟危機。這是很明顯的一點，所以我覺得公開說也不會有什麼害處。

對債務問題你不是提過一種建議嗎？

那是在一九九〇年選舉時的事了。我當時發覺有機會可以爲共產黨政府借下的債務畫上一個句點，然後讓這些國家翻身。在政權遞嬗中斷時，合法的政府取代非法政府，於是這種構想是可行的。但現在我們錯失了機會，機會就不再來了。

現在不可能爭取到一點寬減嗎？

不可能。舊債和新債已經混在一起了，銀行債也被市場債所取代。所以不提則已，提起這個問題只會使情況更糟糕。看看市場狀況，我不知道匈牙利將如何取得債務的再融資。

這可不是和你的樂觀論調背道而馳嗎？

也不是。我認爲匈牙利在政治和經濟兩方面都已經有了成就。但一如其他國家一樣，匈牙利有一個嚴重的債務問題，只是國際投資崩盤以後，這個問題突然變得尖銳了。匈牙利本來可以規避一些痛苦的措施，但現在可能被迫採取這些措施了。我希望假如匈牙利這樣做的話，德國會伸出援手，原因是德國對匈牙利特別有所虧欠。但金融危機足以毀掉一個國家，因此不能掉以輕心。波蘭重整了債務，目前沒有嚴重的債負問題。我認爲波蘭如今是歐洲體質最好的國家之一，不但經濟持續在成長中，更重要的是波蘭的精神很對頭。我的印象是波蘭政治腐敗的問題較不嚴重，比起其他前共產主義國家，波蘭人民還是比較關心公益的。史泰芬·巴托利基金會周圍的學術氣氛濃厚，給我的印象特別深刻。

這看法很特別。大部分人都認為捷克和匈牙利走在波蘭的前頭。

他們可能走在前頭，但波蘭追趕得很快。我感興趣的是變化的速度和方向。我唯一擔心的問題是政治發展可能使波蘭失去動力。很可惜的一點是，團結工聯出身的政府才開始上軌道，波蘭選民就放棄了它。

不少人認爲捷克共和國的情況最有改善，特別是在捷克共和國和斯洛伐克分家之後。

和斯洛伐克分家，捷克人無疑得到了好處，但對歐洲來說，這未嘗不是一種損失。梅契爾（譯者按：斯洛伐克總理）現在正設法向俄羅斯靠攏，他的野心就是使斯洛伐克成爲一個新俄羅斯帝國的第一個衛星國家。假如他成功，這不是對歐洲的吉兆：斯洛伐克將像一把匕首一樣指向歐洲的心臟，斯洛伐克尋求自身利益全無愧色。

羅馬尼亞會不會也有很多問題？

未必會。羅馬尼亞在歷劫之餘，國內已經沒有建立開放社會的條件了。羅馬尼亞政府是一個「隱性」的共產主義政府。很不幸，這政權覺得有義務和民族主義者連成一線。這隱藏了日後出問題的根源，但羅馬尼亞的問題是可以受到控制的，原因是羅馬尼亞不願和歐洲切斷關係。該國的民主勢力薄弱，不過幸好他們還未有機會執政。

你說幸好？

不錯，他們還未準備好，因此很可能失敗，一如保加利亞的民主派一樣，或者像捷克的異議知識分子一樣。他們要花時間成熟起來，不過我現在也開始看到成熟的跡象了。他們彼此很樂意合作，也不會人人都想成爲黨魁。不過，他們已經時日無多。到了簇新的經濟和金融結構出現後，選舉結果再也不會由思想決定，而是由經費和對媒體的控制來決定。因此下一次選舉非常重要，假如民主派不能取得進展，他們掌權的機會就會遭到凍結。

你覺得西方應該採取何種措施幫助中歐和東歐國家?

這一點因國別而異,且與時間的不同而有分別。中歐國家最需要其他國家向他們開放市場,以及歐洲聯盟的會籍。羅馬尼亞在建立民主制度和立場超然的媒體——特別是電視台方面,最需要外國幫助。一般而言,愈向東或南走,對技術援助和其他援助的需求就愈殷切。

你一向對西方的政策批評甚力,你覺得提供援助的方式如何改善?

問題是援助一向經由官僚提供,於是所有的反面情況都出現了。官僚也可能是正直而且用心良苦的人,但他們受制於規章條文。我們在基金會內開玩笑說,西方援助是共產國家指令性經濟的殘餘,原因是這些援助是要滿足捐獻者,而不是要滿足受惠者的需要。基金會設法把這種順序扭轉過來,先行照顧有關國家的需要。在烏克蘭,我們的技術專家是爲烏克蘭人服務的,烏克蘭人挑選了他們,也可以解雇他們。但基金會本身也日益官僚化,我們反而成了取笑的對象。

概括地說,西方援助共分三個階段:第一個階段是我們應該提供援助而竟然未提供；第二個階段是我們答應提供援助，但未能履行諾言；第三個階段是我們終於提供援助了，但援助不能發揮效用。我們現在是在第三階段中。

針對提供援助問題，基金會提出了一點很有用的想法，就是找一個可以信任的當地人作爲夥伴，授權他執行任務，但財政大權留在自己手中。

你是否覺得你改變了東歐的歷史？你是否更覺得，假如不是有你的話，東歐可能已經朝別的方向走了？

只有一點點。我們可以用匈牙利作爲例子。基金會幫忙打擊共產政權，我們支持推翻作家聯盟的作家和贊助成立第一個非共產主義青年團的青年領袖等。但假如當時沒有基金會，共產政權還是免不了要垮台的。事實上，共產政權在我們仍未設立基金會的國家也垮台了。我們可以居功的地方是使共產政權垮台的過程順利多了，我們也爲開放社會奠下基礎，在別的國家也一樣。但我們的影響可能要到日後人們才能完全領悟。

你是否可以預見一些促使你從某些國家撤走的情況？

這不難嘛！只是這種情形仍未發生，我倒有點意外。倘限於一個地方的衝突不斷增加，我們在某一個國家所抱持的立場，在別的國家可能會很不受歡迎，日後通信和出門都可能受到限制。我們在這裡談話，南斯拉夫已經有人採取惡毒的行動對付我的基金會了。但我不會自願離開。基金會的人所承受的壓力愈大，我只會更加堅定地支持他們。冷漠反而更容易趕我走。布拉格的情形就是如此。當地的人既不支持我的基金會，也不反對。不過在布拉格的基金會最近又有點復興的跡象。

我們也可能因爲缺錢而被迫關門，但這種情形至少還要等八年後才會出現。除了中歐大學是我希望永久存在的以外，我不希望我的基金會永遠存在。

第八章　美國及開放社會的前途

你最近說你現在把注意力從東歐轉向西方，為什麼？

東歐政權更迭距現在已經五年了。在革命達到最高峰時，什麼情形都可能出現。當時我想把握這個革命時機，希望有所作爲，但大體而言，結果和我的理想不符。目前正在興起的模式不是開放社會模式，潮流趨勢反而往反方向走。我並未放棄所有希望，但我知道大勢所趨，我要花很多時間、精力才能改變潮流趨勢。

但在同一時間內，也展現了另一種制度轉變。這種轉變較前蘇聯境內發生的革命不易察覺，但這種轉變的影響同樣深遠。在冷戰時期穩定的世界秩序已經瓦解了，但新秩序仍未建立起來以取而代之。幾乎人人都知道前蘇聯發生了革命，但國際關係的革命性轉變我們都沒有注意到。受到前蘇聯瓦解直接影響的人無法不知道他們生活在一個革命時代，但世界各地的人卻未受到直接影響，因此他們要花更多時間才能察覺到世界秩序所發生的變化。

冷戰並不是一種很吸引人的秩序，但冷戰卻有一種穩定秩序依存其間。當時世上共有兩個超級大國，代表兩種相反的社會組織形態，雙方也拼個你死我活。但他們不得不尊重對方的重要利益，因爲他們運作的方式足以保證他們可以毀滅對方兼毀滅自己。這種制度最後瓦解了，原因是其中一個超級大國從內部開始土崩瓦解。但新制度並未出現。解體的過程目前仍持續進行，而且擴散到北大西洋公約組織之內。解體之所以發生，是因爲世上的開放社會其實對開放社會這概念並沒有信心。他們不願意付出代價，也不願爲開放社會的持續繁榮作必要的犧牲。我在東歐時，目標是要提倡開放社會觀念。但我現在覺得，我非要把注意力轉移到東歐以外的世界不可。

這可說目標遠大，你打算怎樣實現這個目標呢？

老實說，我不知道。我只知道，把我的注意力侷限在東歐是不夠的。東歐未能從封閉社會過渡到開放社會，原因是自由世界支持不力。我當時以爲我可以做一名開路先鋒，然後其他人就會跟進，但現在回想一下，我發現完全沒有人跟隨我的脚步。我不禁要捫心自問，到底哪裡出了錯？

也許你太理想主義了。

這一點我也承認。但我不認爲我高估了理想的重要性。人要改變社會，首先必須要有某種信念。問題是，人們不相信開放社會是一個值得爲之奮鬥的目標。

但你不是說過開放社會這概念太複雜，太充滿矛盾了，因此不能作為統攝其他事物的原則嗎？

你說得一點都不錯。人們可以爲國家奮鬥，他們可以挺身而出，使民族或種族免於遭受眞正的或幻想的傷害。但他們不太可能挺身而出，捍衛開放社會。假如有人對這一點還有疑問的話，波士尼亞問題就足以證明我所言不虛。

你覺得波士尼亞出了什麼問題？

這個問題太廣泛了。我只把問題侷限在西方的行爲之內。很明顯地，西方人並不了解波士尼亞問題。波士尼亞戰爭並非是一場在塞爾維亞裔人、克羅埃西亞裔人和回教徒之間的內戰。這只是塞爾維亞共和國的侵略行動，也是該國利用種族淨化作爲達到某種目的的一種手段。更深入一點，我們可以說這是種族主義公民觀和公民社會公民觀之間的衝突。於是，農村的塞爾維亞裔人和塞拉耶佛（譯者按：波士尼亞首府）及其他城鎮的城市居民對打，是一件順理成章的事。

比較模糊的是，人們到底是故意還是無心忽略這件事的嚴重性。可以肯定的是，西方政府爲了置身事外，也把事情弄得很模糊。不少人不假思索地說巴爾幹半島就是一個種族衝突的淵藪，但他們無視於過去四百年三個不同民族和四種不同宗教在塞拉耶佛和平共存的事實。不過，西方眞的有不少人不理解這個問題，西方政府的確也缺乏處理這個問題的能力，因爲他們還沒學會利用封閉社會和開放社會這兩個概念作爲思考的工具。

職業外交官員和政治家學的是如何處理國與國之間的關係。在思想層面，他們還未準備好去處理像南斯拉夫解體這種情況，於是他們先盡力避免南斯拉夫解體。斯洛維尼亞和克羅埃西亞脫離南斯拉夫前一星期左右，美國國務卿貝克前往貝爾格勒訪問。事後不久，冼默曼大使和我碰面時告訴我，美國不反對南斯拉夫軍方用武力維持南斯拉夫的統一，只要南斯拉夫當局在半年內舉行聯邦選舉就好。

到了南斯拉夫再也無法免於分裂時，國際社會又把南斯拉夫原有的各加盟共和國視為羽翼已豐的獨立國家。這一點，德國責任最大，因為德國堅持承認克羅埃西亞和斯洛維尼亞，在這種情形下，波士尼亞和馬其頓除了要求獨立以外幾乎別無選擇，否則他們只好繼續成為奉行種族主義的塞爾維亞裔人國家的一部分。

承認波士尼亞和馬其頓並接納他們成為聯合國會員國後，一旦危機發生，國際社會就必須承擔一些他們不樂意承擔的義務了。這一點，我們要怪英國。電視台播放出波士尼亞境內種族淨化情況的恐怖畫面時，英國剛好是歐洲聯盟輪值主席國。事實上，西方國家早知道其中情況，但一直對這方面的資訊秘而不宣。英國政府不能坐視不理，但他們也不願意軍事介入。他們想出來的解決方案倒是很狠的：他們建議由聯合國派遣部隊前往波士尼亞維持和平，但波士尼亞當時哪裡有和平可以維持?英國對這個問題一直都是心裡有數的，所以他們始終都能夠維持一貫立場。美國和法國則在原則問題和權宜之計之間搖擺不定。

結果是一次西方民主國家歷史上最丟臉、最束手無策的經驗。聯合國維持和平部隊的任務是不可能的任務。他們的任務是運送人道援助給當地平民，但假如他們要運送救援物資，他們一定要得到交戰各派系的同意和合作。於是，聯合國維持和平部隊就要在侵略者和受害的平民中間保持中立。由於塞爾維亞侵略者要傷害平民以遂行其侵略目的，聯合國維持和平部隊事實上成了他們的工具，維持和平部隊就變得好像納粹集中營內的囚犯頭目一樣。舉個簡單的例子，他們竟然阻止外來郵件送到塞拉耶佛的平民百姓手中，這根本是荒謬絕倫的事。

聯合國維持和平部隊的不同指揮官也有不同的做法。法籍指揮官莫里隆挺身而出保護哥拉德茲市的平民，英籍指揮官羅斯則指責波士尼亞人，爲維持和平部隊的中立立場找藉口。這比慕尼黑協定還糟糕，因爲慕尼黑協定代表的是在既成事實之後的姑息政策，但波士尼亞問題則是在事情還沒成爲事實之前，就已經實行姑息政策。經過慕尼黑協定的恥辱之後，我們在二次大戰中爲自由、民主以及開放社會而戰，當時我們的自由概念是一種普遍的概念。我們當時的目標不僅僅是要保衛我們各自的國家，也要把自由理念傳播到世界每一角落。戰後，我們和我們過去的敵國——德國和日本在這一方面做得很有成績，而且我們也能相當堅定地和所謂共產主義對抗。但一旦所謂「邪惡帝國」解體，我們好像馬上就失去了方向。

到底發生了什麼改變？

我想我們的自由理念改變了，取而代之的是一種比較偏狹的理念——尋求自身利益。在外交政策方面，地緣政治現實主義抬頭，以及經濟放任主義的信念，都是這種偏狹理念的表現。根據地緣政治現實主義，世界各國最好由他們的地緣政治地位決定尋求利益的方式。信守普遍性道德原則是種累贅，可能使人在適者生存的過程中挫敗。根據這種看法，宣揚開放社會的價值觀可能只是一種讓前蘇聯尷尬的絕佳宣傳工具，但自己千萬不可以輕信這種宣傳內容。在經濟學上，放任主義原則認爲，市場參與者有尋求自身利益的自由，可使資源得到最有效分配。

於是在達爾文式的適者生存的過程中，最有效率的經濟永遠都會佔上風。

我認爲這些理論都有缺失，而且也會誤導人。它們強調的是體制內競爭的重要性，但卻不理會體制本身是否可以持續保存下來。它們認爲，人人都可以自由競爭的開放社會是自然而然的事。但假如我們確實從蘇聯的解體得到教訓，我們就不能把開放社會視爲必然的事。封閉社會崩潰，但開放社會並不會隨之自動產生。自由不僅僅是鎮壓的絕跡，開放社會也不僅僅是政府干預的消失。自由是一種複雜的構造，是以法律和制度爲基礎的，必須有某種思想方式和行爲法則與之配合。這種結構非常複雜，因此很難看得見，也很容易被視爲當然之事。在封閉社會之內，當權者幾乎是無所不在的。但到了社會開放程度較高後，當權者的干預就少了，這就是支持開放社會的結構何以那麼容易被忽略的理由。但過去五年的經驗已經告訴我們建立開放社會究竟有多難。

前共產國家未能演變成開放社會，你認為責任在西方國家？

這種說法很對。我們也承認，即使西方國家什麼都做對了，建立開放社會也將是個漫長而且容易走錯的過程。這樣的話，起碼前共產黨人可以朝著對的方向走，更重要的一點是，西方民主國家也會比較有方向感。特別要靠東歐給予歐洲精神、道德和情意的內涵，假如沒有東歐，歐洲就會手足無措。歐洲聯盟只是一堆規章制度加上官僚運作。過去歐洲聯盟的構想還能鼓舞人心，特別是德、法兩國的年輕人，他們覺得消除了彼此的歷史歧見，同屬於一個政治實體是一件不錯的事。但他們已經逐漸對這種想法不滿了，這情形在所有的投票模式中都看得出來。

你談過歐洲解體的問題。

不錯，我在一九九三年九月在柏林演說時談過這個問題，當時我的說法現在好像都在應驗了。我們可以看看過去發生的改變。一方面，有些國家終於成爲歐洲聯盟會員國了，但英國幾乎已經變成一名阻撓分子。

德國在向東看，法國則朝南看，假如他們不是決心不拆夥，歐洲恐怕早就解體了。貨幣制度之內的緊張也節節升高，我想不消多久人們又開始主張針對幣值過低的貨幣實行自保了，共同市場的存在也將因此成爲問題。

美國的情形如何？

我們現在出現了嚴重的認同危機。我們一向是超級大國，也是自由世界的領袖。事實上，這兩種說法是同義的，甚至可以混用。但蘇聯的瓦解改變了這一點。我們可以是超級大國，也可以是自由世界的領袖，但不能同時是超級大國兼自由世界領袖。我們沒有足夠的經濟實力和經濟利益以維持這種雙重地位。我們再也不是國際貿易和金融制度的主要受惠國，我們也擔當不起世界警察的角色。在十九世紀大部分時間，英國是世界的首要國家，不但是世界銀行業、貿易、航運和保險業中心，也是一個跨越全球各地的帝國。當時英國有能力維持一支艦隊，隨時可以調動戰艦到發生問題的任何角落。美國今天有這樣的軍事實力，但卻沒有同等的經濟利益，也沒有捲入遙遠地區衝突的政治意願。美國繼續成爲一個軍事超級大國，以維護國家利益，但值得懷疑的是，爲了這些利益而付出這樣大的軍事開支值得嗎？其他國家，如日本等，就躲在美國軍力的保護傘下，它們從美國超級大國地位得到的好處比我們還多。就算這樣，我們也不能自稱是自由世界的領袖，原因是我們的國家利益並不要求我們在全球急需軍事介入的麻煩地點採取軍事行動。我們已經撤出索馬利亞，軍事介入海地的決定還是幾經艱難而作成的，我們甚至還考慮拒絕出兵波士尼亞。我們唯一還能扮演自由世界領袖角色的地方就是聯合國，但在聯合國之內，我們不能單獨行動，必須和其他國家合作。在美國政治界，聯合國三個字幾乎已經成了粗言穢語了。我們對聯合國痛恨的程度強烈到甚至寧可把它打垮，也不要讓它成爲一股維持和平與秩序的有效力量。

你覺得這種痛恨是合理的嗎？

坦白說，我的感覺和衆人一樣。我覺得，聯合國既缺乏效率也浪費金錢。我進行慈善工作時，只要碰到聯合國機構，都會敬而遠之，唯一例外的是聯合國難民事務高級專員公署。自從波士尼亞危機之後，我對聯合國的印象更差。我現在覺得聯合國根本是邪惡的。

這不太言過其實了嗎？

不會，但我必須聲明我並不歸罪聯合國這個組織的本身。最主要的責任在安全理事會的理事國，特別是有否決權的常任理事國。原因是安理會其實只是這些理事國手中的工具而已。我們針對問題把追究責任的範圍縮小一點，可以發現在安理會三個常任理事國中，以美國、英國和法國責任最大。假如這三個國家意見一致，他們可以實行任何他們想要實行的政策。

他們那時能夠起什麼作用？

他們有北大西洋公約組織可供他們驅策。假如他們願意，安理會就可以委託北約在波士尼亞執行維持和平任務。其他理事國應該也會同意的，俄羅斯可能會反對，但在一九九二年時並未反對。後來聯合國秘書長蓋里還寫信給安理會，要求各理事國不要把一項不可能的任務交給聯合國部隊。但其實北約才讓人有信服的力量。北約部隊首次介入時，塞爾維亞裔人爲之退避三舍。但西方各國爲了他們各自的理由，並不希望北約主持大局。

我以前想過的原因是蓋里反對。

蓋里後來才反對，那是一些所謂官僚內門的事，爭的是到底誰當家作主。假如安理會讓北約主持大局，一點問題都不會發生。事實上，波士尼亞危機比起所有危機對聯合國的破壞力都來得大。聯合國秘書長蓋里喜歡說波士尼亞危機只是同等重要的十七個危機之一。但他搞不懂的是波士尼亞問題是西方聯盟瓦解的催化劑。假如西方不團結，聯合國就無法生存。

你為什麼這樣說？

因爲擁有在世界上維持法律和秩序的安理會本來的設計就是要等到所有強國都意見一致才能起作用。安理會誕生之日，列強就開始鬧意見了，於是聯合國也無法實現原來設想的功能，反而成爲一個死對頭會面，互相指責和各自在不結盟國家中尋求支持的論壇。各會員國偶爾達成協議時，聯合國是可以擔得起督導功能的，這就是聯合國維持和平任務的起源了。也許這種情形唯一的例外是韓戰，當時蘇聯竟然走了杯葛聯合國會議的錯棋。

後來又有戈巴契夫出現，他是聯合國的信徒。假如你還記得的話，戈巴契夫還親自前往聯合國總部，付清積欠的聯合國會費。他還向聯合國大會發表演說，簡單地說明他對聯合國的憧憬，也是聯合國原來的憧憬。他主政時的政綱，只有這一部分最周詳，原因是當時蘇聯的官僚體系中，只有外交部是眞正支持改革的。他憧憬蘇聯和北大西洋公約組織各會員會組成一個大聯盟，由蘇聯在政治上支持西方，而西方國家則在經濟上支持蘇聯，使蘇聯得以過渡市場經濟。這樣各國就可以互相合作，安理會也能按照原來的設計發揮功能。但我們不重視他，結果蘇聯解體，俄羅斯接下前蘇聯留下來的棒子，也很熱心和西方合作。聯合國本來可以一改以往的情形，首次成為一個有效能的組織。這就是波士尼亞危機發生得不是時候的原因，也是何以西方誤用了聯合國的原因。西方各國本來有六、七年時間使聯合國成為一個有效能的機構，但他們竟然錯失了大好良機。假如說波士尼亞對聯合國的影響就如當年阿比西尼亞在一九三五年對國際聯盟的影響一樣，眞是一點都不誇張。

那你是不是放棄了對聯合國的希望？

正好相反，這正好使我更進一步深信我們應該盡一切力量使聯合國避免重蹈國際聯盟的覆轍。

但你說過，聯合國現在已經信譽盡失。所謂「和美國的契約」部分內容就是減少和限制美國對聯合國維持和平任務的支持。

我們忽視戈巴契夫提供的機會時，是一錯再錯，愈描愈黑。聯合國的失敗就是我們的失敗。我們很容易就可以把聯合國視爲我們自身以外的機構，然後把它批評得體無完膚。但這是不對的。安理會的設計是要美國和別的常任理事國採取一致行動時發揮作用的。美國是目前碩果僅存的超級大國，因此免不了被倒進領袖的模子裡。但假如聯合國失敗，原因是我們要聯合國失敗。我們應該盡一切力量挽救聯合國。

這不是和你前面的說法矛盾嗎？

一點也不矛盾，只是我們身陷一個矛盾的處境中。一方面，我們需要一個國際組織維持和平與秩序，原因是我們不能、也不應該成爲世界警察，但另一方面，現存的國際組織又先天不足，所以我們才必須盡力使聯合國發揮效用。

為什麼你說聯合國既缺乏效率，也浪費錢呢？

很簡單，聯合國是一個主權國家組織，指引各會員國的是他們的國家利益，而非集體利益。這個組織不僅僅向一個主人負責，而是要向很多主人負責。這使官僚體系的缺失更趨惡化，原因是官僚體系的主要目標就是繼續生存。既然有那麼多主人，於是「辦不到」，「找理由保衛自己」等現象就層出不窮。經過物競天擇過程的篩選後，只有那些最終目標是保住飯碗的人保住了他們的飯碗。但這個篩選過程不是自然的篩選過程，有些會員國相當無恥地濫用他們的權勢，而且聯合國雇員享有近乎完全的職業保障，所以什麼事情都辦不了。

有什麼對策呢？

這就不簡單了，問題的起因在於主權，但主權是驅逐不了的。假如聯合國的行政首長不向會員國負責，那他該向誰負責呢？但我們不能容許一個自治的官僚體系存在。歐洲聯盟的情形也差不多一樣，有著類似的缺失，但歐洲聯盟可以讓歐洲議會扮演一個比較吃重的角色。對於聯合國而言，成立一個世界性的議會不啻是烏托邦式的幻想。所以，唯一的可能就是設法使各會員國把集體利益置於個別國家的利益之上，但這也很烏托邦。

可以肯定的一點是必須進行重大改變。我們不能有一個目的只是在讓雇員受惠的國際組織。聯合國許多功能已經過時了，但我們沒有消除這些功能的機制。最佳例子是世上最後的託管地已經獨立後，託管委員會仍然存在。但我們不可能希望世界各國讓他們的國家利益退居第二位，所以我們必須動員輿論向這些國家的政府施壓。聯合國運作的方式必須徹底改革。但世上還有那麼多國家仍是非民主國家，你說輿論如何施加壓力呢？輿論又該怎樣動員呢？首先，關於聯合國改革的研究已經汗牛充棟，但都起不了作用。我們要一些簡單的口號，例如「贊成可以選擇墮胎」、「生命權」、「十點原則」、「和美國立約」之類。我現在在找這樣的口號，我建議用「再造聯合國」這樣的一句話。

聯合國成立已經五十周年了。任何組織都一樣，隨著時間過去而腐朽幾乎已經成了必然的定律。所以最好還是回到設計桌上，爲下一個五十年設計一個新的組織。點點滴滴的改變很難實行，因爲每次都要全體會員國同意，所以改革要全面推行。大國要聚在一起會商，建議一個新的結構，然後邀請其他國家支持新的憲章，一如當年。事實上，聯合國憲章本身需要修改的地方不多。我們要的是組織本身的新結構，也要一個落日條款，規定到了現行情形消失時，就得重新開始。

你認為這建議實際嗎？

可能不實際，但是可以姑且一試，五年前的可行性還要好一點。

為何你五年前不提出落日條款？

原因是那時根本沒有人會重視我。事實上，可能根本沒有人願意聽我的論調，我當時還是個無名小卒。

那你現在提倡落日條款嗎？

我還未決定，我擔心美國未必願意支持新憲章。假如由表決決定的話，美國可能連它的憲法也未必可以實行。

你對北約扮演的角色有什麼看法，你支持北約的東向擴張嗎？

假如北約各會員國和蘇聯結成大聯盟，讓中歐國家加入並受聯盟的保護，那還會有什麼問題。即使在前蘇聯解體後，北約仍然可以和俄羅斯推行同樣的政策。但我們沒有這種遠見，所謂「和平夥伴計畫」只是這種大聯盟一種比較簡單的版本而已，但「和平夥伴計畫」是起不了什麼作用的，原因是我們不能繼之以任何的經濟援助給俄羅斯。現在爲時已晚了，俄羅斯和西方的關係已經惡化了，更糟糕的是俄羅斯的國情也惡化了。假如現在北約要東向擴張，同時又和俄羅斯維持友好關係，已經不可能了。俄羅斯現在反對北約東向擴張，葉爾欽在一九九三年夏天訪問波蘭時，他還同意波蘭加入北約，但後來軍方將領反對，他才收回他的同意。此後，俄羅斯的立場已經固定下來了。

我想假如俄羅斯冥頑不靈，討好它是不對的。波蘭應該成為北約會員國。但我們應該盡力使俄羅斯安心。也許我們可以像某些歐洲國家建議的一樣，經由北約和俄羅斯簽署某種條約。關於北約，還有一個更重要的問題。北約的立場到底是什麼？假如聯合國需要一項落日條款，北約就更加需要了。

北約的立場應該如何？

理論上，用一項防禦條約保護締約國的領土完整仍是說得通的辦法，但這已經不能成爲北約繼續存在的理由。假如俄羅斯眞的成了一個民族主義獨裁國家，也要花相當時日才能重建攻擊力量。事實上，我們根本可以說，假如俄羅斯是一個民族主義獨裁國家，而不是一個市場經濟國家，那俄羅斯還要花更多時間才能重建攻擊力量。所以，事實上很難想像北約國家再遭到眞正的領土威脅。相形之下，北約會員國以外的地區局勢卻很不穩定，而且情形還會變得更壞。所以眞正的問題反而是北約向北約以外地區投射力量的能力。目前這正是北約缺乏政治意志和政治理解力的地方。

我建議把北約轉化成保護開放社會原則和價值觀的工具，不但在北約領土範圍內如此，在北約範圍以外也是如此。這不是說一旦有人違反這些原則和價值觀時北約就要動手，而是一旦會員國有需要、而且採取一致行動時，北約就要隨時待命。開放社會的原則和價值觀是普遍的。任何一個單獨行動的國家都不能把保護開放社會的原則和價值觀視爲本國利益問題，但卻可以把它視爲關乎集體利益問題。這才應該是北約的新使命。假如這種新使命界定好，波士尼亞危機爆發時北約就可供驅策了，假如當時北約可供驅策，就有足夠的嚇阻力量對付塞爾維亞裔侵略者，失敗就可以避免了。

你認為假如情形是這樣的話，英國的做法是不是會不一樣？

很可能。英國決心避免軍事介入，原因之一是他們擔心英國最後可能變成唯一泥足深陷的國家。美國說波士尼亞問題是歐洲人的問題，德國限於本國的憲法和過去在南斯拉夫的一段歷史，所以無從入手，剩下的就只有英、法兩國。英國本身也受制於北愛爾蘭，就算想出兵也無兵可用。假如北約願意接受這項任務，英國肯定會盡力參與。

但假如是這樣的話，美國豈不是要派出地面部隊？

不錯。困難就在這裡。美國主張一些高不可攀的原則，但又不肯投入地面部隊，因此美國必須重新思考其在世界扮演的角色。假如北約扮演的角色已妥爲界定，而且向人民充分解釋，我覺得美國地面部隊應該是可供驅策的。我認爲，假如要投射美國的軍力，北約是一個比聯合國更適宜的集體組織，原因有幾點：第一，北約是美國一手建立也是由美國領導的，雖然美國的領導日後要稍行調整。第二，北約其他會員國多是和美國志同道合的民主國家，聯合國的構成就複雜多了。第三，北約作爲一支多國部隊是很管用的，但聯合國卻缺乏成功軍事行動所必須的指揮架構。聯合國部隊是可以供維持和平之用的（聯合國憲章第六章），而維持和平（聯合國憲章第七章）本來就是北約的任務之一。

聽你說來，好像也有點道理，你打算採取什麼行動？

就是談這個問題。馬克吐溫說，人人都談天氣，但沒有人動手改變天氣。假如反射理論是對的，談社會和政治目標也可以說是實現這些目標的行動之一。很諷刺的一點是，我在思索和談論這些問題時，一個比較接近我的專長的問題卻出現了，這就是國際金融體系有崩潰之虞的問題。我的注意力在其他地方時，這個危機開始出現了，但現在危機既然已經來到，我也花了不少時間思考。

你看到危機正在出現嗎？

不錯，這危機和國際政治體制的危機相類似，兩個危機相類似的地方是我們不會受到直接影響，所以我們根本無法注意到。但拉丁美洲人民和其他新興市場則受到影響。我在前面說過，新興市場的崩盤是一九二九年以來最嚴重的一次崩盤。只要危機侷限在拉丁美洲和新興市場之內，國際金融體制不會眞正有危險。但假如工業國家受到不良影響，不但國際金融市場會解體，國際貿易體制也會崩盤。

這聽起來有點危言聳聽。

我是故意的。我以前說過，墨西哥危機肯定會使該國和美國的貿易差額出現徹底變化，假如此事和美國的經濟放緩同時發生，政壇就會出現一股不滿聲浪，有可能使一位主張保護主義的候選人在一九九六年的總統選舉中當選。這情形和一九二九年之後的情形相類似之處，使人不寒而慄。

你是在預測自由貿易解體。

我不是預測，我是預見。眞正的危險是人們不知道危險。不少人談全球金融市場問題，他們予人的印象是好像市場趨勢是不可以逆轉的一樣。但這種想法是錯的，錯在拿內燃機的發明之類的技術創新來作不當的比擬。汽車發明之後，普及的速度像野火燎原一樣。汽車可以改良，可以用比較好的車型取代，但汽車已經不可能消失。在金融方面的創新不是這樣的，它和技術創新不同，就好像社會科學和自然科學之間的不同一樣。

在十九世紀末期，我們在金本位的基礎上幾乎建立了一個全球性的金融市場，但金本位制度終告瓦解。到了二次大戰末期布列敦森林制度（Bretton Woods System）成立時，世上幾乎全無國際性的私人資本的流動。人們現在已經記不起來了，但布列敦森林制度的具體目標在建立新制度、新機構，使國際貿易在全無私人資金流動的情形下，仍有資金可供貿易繼續進行。資本流動加快後，所謂布列敦森林固定匯率制度也宣告崩潰。但布列敦森林制度促成的國際金融機構——如國際貨幣基金會和世界銀行，已經成功地適應不斷改變的環境，並繼續扮演一個重要的角色。不過，他們要維持國際金融制度的穩定，仍然力有未逮。他們的資源很容易就被私人資金流動的規模比下去了，而且他們也沒有管控的權力。各國政府之間也有一點合作，例如國際清算銀行就是國際合作的主要工具，但這種合作的規模畢竟太小了。問題在於一般人都未察覺到進行更大規模國際合作的必要。就金融市場的運作方式而言，流行的看法是錯的，而一個建立在錯誤前提之上的全球性市場不太可能無限期繼續存在。全球金融市場的崩盤將是一次很嚴重的事件，後果很難設想。但也比現行制度如何繼續生存的問題容易。

這是很戲劇性的說法，你可不可以說得具體一點？何以國際金融市場會崩潰，怎樣崩潰？

現在是已經接近崩潰的時候了。以墨西哥爲例，墨西哥從第三世界國家過渡成爲第一世界國家，大部分選民受惠不多，但此後的調整期，卻主要由他們來受苦。很難說現行政權是否可以繼續掌權，但不論這個政權是否可以繼續下去，國際投資風險之大已經成了顯而易見的事。即使危機緩和，其他負債沈重國家的風險評等也不會馬上就消失。現在的問題是這些國家能否接受這些高風險評等，假如他們無法重整債務，他們只能延期清償。

沒有其他辦法嗎？

可能會有個別的救助方案出爐。但我有更好的主意，我覺得我們應該建立一個嶄新的國際機構協助負債沉重的國家重整財政。已經無法挽救的國家則應該讓他們參加一個減免計畫，其他國家我們只能夠幫忙他們再融資。幫忙的方式就是爲新發行的債券擔保。負責擔保的國際機構則要堅持受助國家實行適當的調整政策。融資方式可以是新的特別提款權，假如挽救行動成功的話，特別提款權可能還不必使用。建立了這些機構之後，應該可以防止市場日後出現過激趨向，因爲投資者不會在沒有擔保的情形下貸款給負債沉重的國家。在國際融資成長難以爲繼的情形下，這種新機構可以向現有機構提供適當的助力。

雖然這可能會有點過分抽象，我也要提出一個很籠統的觀點。我們在把全球導向商品、服務和思想自由流動方面，已經有了不少成就，國際資金流動基本上已經沒有什麼限制，人的流動也比以前自由，但全球制度的建立，並沒有得到配合，開放社會原則仍未被廣泛接受。相反地，國際關係仍繼續以國家主權原則爲基礎，而且不少國家的政治制度仍然不符合開放社會的標準。在經濟領域之內，幾乎完全沒有人意識到金融市場，特別是國際金融市場，本質上是不穩定的。

市場充滿競爭是理所當然的。但假如競爭完全不設限，公益也完全不顧，只會危及市場機制。這想法和普遍的想法相反，普遍的想法認爲，競爭就是公益。即使有人知道有必要保存這個制度，但比起在體制之內超前，保存這制度的必要性還要退居第二位。我們可以看看這幾年的流行說法，內容都是關於競爭力，很少提及自由貿易。假如我們繼續抱持這種態度，我看不出這個全球性制度怎麼會繼續生存。政治不穩定和金融不穩定是相互助長的。我的看法是，只有在我們不留神時，我們才會進入一個全球性的解體時期。

金融市場中，你是公認最有競爭力的人之一，聽你抨擊競爭，感覺有點奇怪。

我是贊成競爭的，但我也贊成保存允許競爭的制度。我和放任主義信徒衝突的地方是我不相信市場是完美的。我個人的看法是，市場引起過激趨向的機率和平衡狀態差不多。但我還有持不同看法的更深入原因，那就是我不認爲有競爭時的資源分配才最理想。我也不認爲適者生存才是最理想的結果。我認爲我們一定要爲某些根本價值奮鬥，這些價值，如社會公義，是不能透過無限制的競爭成就的。正因爲我在市場成功，所以我才能提倡這些價值。我是典型的「有錢自由派」。我認爲，從制度得到好處的人，盡力使制度更臻完善是責無旁貸的。不妨告訴你，我賺了兩三千萬美金之後才成立第一個基金會。

所以你的動機是回饋使你發財的制度。

也不是。有錢以來，我就可以做一些我眞正重視的事。我不讓我的錢指導我如何進行慈善事業。最初我每年只捐三百萬美元，但要過了五年，開支才達到三百萬元。有一段短暫時期，我的錢多到除了捐出來以外不知還有別的什麼用途。現在情形不一樣了，我現在有一個龐大的基金會網路，我必須辛勤工作來維持它們。

你在美國也舉辦了一些活動。

不錯。我的計畫一向是要使開放社會更趨健全，但我在東歐投入太深，所以我無法在這方面有什麼作爲。在一九九二年左右，革命開始降溫之後，我還有些未花完的錢，於是我又開始打主意了。

你在開放社會看到些什麼問題？

價値觀的缺失。我的開放與封閉社會架構，部分內容就是開放社會總有價値觀缺失的問題。過去五年我目睹的一切證實了我這方面的想法。

我知道你曾捐款提倡毒品合法化以及贊助對美國死亡方式的研究。

不對，我支持的不是毒品合法化，而是支持尋找處理毒品問題的不同方法。我對死亡問題的看法也和毒品問題相同。問題在於錯誤的想法和缺乏了解扮演了重要的角色，往往使得善意的行爲產生了反效果，有時甚至對策比疾病本身還要糟糕。這就是促使我注意這些問題的原因。

所謂對策，你的意思是不是用執法方式處理毒品問題比毒品問題本身更糟糕？

不錯，我想假如把毒品問題視爲一種罪行，就是一種誤解。

你認為這是個醫療問題嗎？

我想有所謂上癮的問題。當然，假如你制定的法律把毒品列爲非法，那當然就有所謂罪行問題。

這也是一個社會問題。要解決這個問題，你要花更多錢。

我想要除去毒品問題這種想法本身就是一種錯誤的想法。一如我們不能根絕貧窮、疾病和死亡，我們也不能根絕毒品上癮的問題。有些人的人格是容易上癮的人格，有時人也想脫離現實。我們不可能期待有一完全沒有毒害的美國。你可以勸阻人們吸毒，可以禁止吸毒，也可以治療有毒癮的人，但卻無法杜絕毒品。只要你能接受這一點，就可以想出比較合理的方法來處理毒品問題。問題是，要進行理性的辯論是很困難的。這個問題已經變得太情緒化了。

你如何解決這個問題？

我們最好先談問題然後才討論解決之道。毒品無疑是有害的，只是不同的毒品有不同的危害。部分用品只對服用者有害，其他如安非他命和引起幻覺的藥物對使用者以外的人也會有危險。大部分毒品在服用後，開車或進行要負責任的工作都會有危險。部分毒品是可以上癮的，但大麻和一些別的毒品就不會。相對而言，大麻是比較無害的，但我只要看看吸大麻的人就知道吸大麻引起的損害。但酒精不也是一樣嗎？不論是哪一種毒品，或足以使人上癮的東西，我們都應該勸阻別人服用。防止兒童服用毒品、酒和香菸是一件好事，但這樣就有足夠的理由把服用毒品視為一種罪行嗎？證據顯示，這只會引起反效果，為社會帶來毒販。更糟糕的是這為毒品披上一件神秘的外衣，反而對年輕人更有吸引力，而不能使他們覺得厭惡，特別是這件神秘的外衣是和事實相去甚遠。後果並不止於此。毒品的「刑事化」製造了罪犯，製造了毒販，製造了為求「過癮」而犯罪的吸毒者。罪行嚇怕了老百姓，政治家則利用這種恐懼當選公職。於是就引起對毒品的戰爭。假如你是一個很想當選公職的政客，你很難反對對毒品的戰爭。對毒品的戰爭產生了一個執法機器，這個執法機器也樂意永久執法下去，因為這符合他們的利益。這就是我們的解決方法比問題本身還要糟糕的原因。

那你是不是主張毒品合法化？

我不知道，我還沒打定主意，而且從某一個角度而言，我不想打定主意。我願意私下討論這個問題，但我不願意公開表明立場，原因是我看到什麼地方出了錯，但我不知道什麼才是對的。我覺得現行的處理方式是錯的，而且害處比好處多。但哪種方式才是對的，我沒有確定的立場。我覺得有些其他的處理方法比現行方法好，例如集中注意力在治療方面，而非在執法方面。我也可以看得出合法化是一種減輕毒品爲害程度的有效方法之一，原因是我認爲，假如部分毒品成爲合法，特別是爲害比較不嚴重或比較不容易上癮的毒品成爲合法時，犯罪會減少八成左右。因此節省下來的資源可以挪作治療之用。我想大衆輿論對這個問題是過激了，所以假如和現行共識背道而馳，推動合法化，反而會有反效果。所以我支持幾種方案，其中也有嚴厲反對合法化的，也有對合法化比較同情的，但我自己就不想提出我的主張。

假如有人問你的立場如何，你怎樣回答？

你讓我想起一個笑話。那是在一九五六年的革命之前，當時匈牙利共產黨鼓勵黨員自由發表意見。每次開會後，黨委書記問黨員的意見時，其中一人的答案永遠是：「我完全同意書記同志的意見。」黨委書記最後忍不住問他：「你總會有自己的意見吧。」這位黨員回答說：「是的，可是我全不同意我的意見。」

所以說，假如事情由我作主，我會告訴你我會怎樣做。我會建立一個嚴格管制的銷售網，並透過這個網絡使大部分毒品可以合法出售，當然像安非他命這種危險毒品除外。初時，我會把售價壓到最低，使毒品貿易崩盤。達到這個目標後，就不斷提高售價，像向香菸課徵重稅一樣。但已經登記的癮君子則可以例外，可以較低售價向他們供應商品，以便解決這方面的犯罪問題。一部分的收入將挪作預防與治療之用。同時我也會設法使社會大眾異口同聲非難使用毒品的習慣。

現在讓我們談談你的死亡計畫，你支持這個計畫的目標是什麼？

我也不過是把同樣的思路應用到死亡問題上。美國不少人不肯面對死亡這個問題。這問題並不是成了一個非法問題，而是成爲一個遭到放逐的問題。我記得我父親去世時，我否認他死了。根本我也拒絕面對他快要去世的事實。對我來說，這是一個可悲的錯誤。我想我們的社會是在不斷否認、不斷曲解的情況下運作的。我們對性知道的不少，但對死亡，則所知不多。但死亡比性行爲更普遍，是不可以避免，是我們應該面對的。

你現在可有支持什麼具體的活動嗎？

我找到了一群專家，他們是一群把時間和精力花在面對死亡問題的人。我讓他們自行決定進行何種計畫。我自己沒有特定的計畫或方案，他們才有。

你目前是不是試圖使美國人處理家人死亡問題時比較安慰一點？

不錯。假如有什麼所謂主軸的話，我工作的主軸就是鼓勵別人多投入，同時也把醫藥療程的非人性化效果降到最低。我認爲，我們應該鼓勵人在家裡、在家人圍繞的情形下去世。我希望人人都可以面對死亡問題，使死亡對死者和家人都不致成爲一種非常可怕的經驗。但實際上，大部分人都在醫院去世。所以我們計畫的大部分行動都是針對醫療人員的教育。

計畫的結果之一會不會到藥石罔效時花在維持生命上的時間和精力將減少？

不錯，我想這是我們計畫內容的一部分。生命已經沒有意義時，再用科技維持是一件更沒有意義的事。消極效果可能比積極效果還多，因爲這會引起不必要的痛楚，更不用說費用問題了。接受死亡肯定會減少不惜代價延續生命的情形。

你對安樂死的看法如何？

專家對這個問題的意見莫衷一是，死亡計畫對此也無預設立場。我個人覺得這很可惜，但主張安樂死的人可能是對的。在死亡文化方面，我們還有不少可以努力的地方，但我們的努力是不必牽扯在比較富爭議性或比較聳動的問題之內的。

現在讓我們回到社會公益問題上，你對「和美國的契約」看法如何？

促成這個計畫的一種咬牙切齒感覺，我不但理解，也寄以同情。我們的社會福利制度充滿弊端，而且積弊長期不改，但現在已經到改革的時候了。但我恐怕這一回的對策也比弊病糟糕。鐘擺現在是朝福利國的反方向擺動，擺動的力量不少，可能會擺得頗遠。但不要忘記，所有人爲建構都免不了會有缺失，不但福利制度如此，各種現行的匯率制度也是如此。一種制度實行時間愈久，其缺失也就愈明顯。我們社會福制度的缺點誰不知道。但我要指出金瑞契（譯者按：美國國會衆議院議長）方案內含的矛盾。

方案的目標是要減輕政府的社福責任，但假如社會福利附加了附帶條件，官僚體制的處分權力就會變得更大，於是弊端日多，不平等日甚，而行政開支亦會日增。向各州提供無用途限制的撥款，以取代聯邦政府社會福利，結果將鼓勵各州刻薄福利制度的受惠者，以迫使他們遷往其他社會福利較佳的州。貧病老弱最後將被踢來踢去。我們現在對貧窮宣戰，這場戰爭的勝負將和反毒戰爭的勝負結果一樣。我希望大家明白了這一點之後，鐘擺會擺回來。我在前面說過，所有人爲建構都是有缺點的，但新觀點出現時缺點就已經完全顯現的情形還很不常見的。

你的處境很特殊。你不是政府雇員，也不是要向選民負責的政壇人物，你只向自己負責。由於你只花你自己的錢，你可以隨意實行你的計畫和想法，你的活動就欠缺了制衡機制，你是不是太有權勢了？

這是個什麼問題嘛！我們都想對我們生存在其中的世界發揮一點影響力。累積財富過了某一限度，就變得沒有意義了，除非你知道怎樣利用你的財富。我希望把錢用在社會公益上。但在決定什麼是社會公益時，我靠自己的判斷力。我想即使我們每個人對事物有不同的判斷，但假如我們都依靠自己的判斷力，世界就會美好多了。

現在有一類新的公共人物在政治舞台上出現，像美國的裴洛和義大利的貝魯斯柯尼，他們都是白手起家的億萬富豪，但都懷有政治野心。你是不是其中之一？

現在也有一類商人是靠在共產國家興辦慈善活動做生意的，像阿曼德・哈默和勞勃・麥斯威爾。我只能說，我希望和他們都不同。

你是否可以總結一下你對國際政治局勢的看法？

我可以試試看。我沒有答案，但我的理論架構至少可以使我提出正確的問題，這理論架構也可以提供點點滴滴的意見。

一、我們正進入一個世界失序的階段，假如我們愈早明白這一點，我們就愈有機會防止這種脫序的情形失控。

二、開放與封閉社會的理論概念對我們了解目前的局勢特別有用。

三、共產主義教條已經失去對世道人心的影響力，我們幾乎完全看不出它有任何恢復這種影響力的機會。

四、民族主義獨裁政權在前共產主義國家興起，這危險的確是很眞切的。

五、假如要動員社會大衆支持國家，首先要有敵人。民族主義抬頭很可能和武裝衝突分不開。

六、民族主義教條能和宗教教條主義合流，而且這種趨向也將不侷限於過去的共產世界範圍之內。你可能會發現俄羅斯或塞爾維亞爲了保衛基督教而和回教基本教義教派發生衝突，反之亦然。

七、民主國家有價值缺失的問題。假如他們的重要利益並未受到直接威脅，他們一貫不樂意承受任何麻煩痛苦。所以他們不太可能阻擋民族主義獨裁政治和衝突的蔓延。

目前的局勢和冷戰時代不太像，但和兩次大戰中間的一段時間比較像，不過也有顯著的分別。其一是目前沒有希特勒之流的人物，只有像墨索里尼之類的人物，像克羅埃西亞的屠迪曼和南斯拉夫的米洛謝維契就是。但最重要的國家俄羅斯仍是掠奪的對象。另一分別是現在有歐洲聯盟這個組織。但歐洲聯盟各國沒有共同的外交政策，而且聯盟內部也十分混亂。在其他方面，我們可以看到聯合國愈來愈像國際聯盟，而波士尼亞問題對聯合國的影響就像阿比西尼亞問題對國際聯盟的影響一樣。但美國減少向聯合國維持和平工作提供助力，也不等於退出聯合國。

歷史不大會重演，但會有類似的模式出現。目前出現的模式是很讓人引以爲憂的。兩次大戰其間的一段時間引出了對猶太人的大屠殺和人類最慘烈的一場戰爭。我不覺得這樣的歷史會重演，起碼在可以預見的未來還沒看到另一名希特勒出現。即使有一個像希特勒之流的人物在俄羅斯掌權，俄羅斯也還要經過一段很長的時間才有可能形成一種和前蘇聯或納粹德國同等的軍事威脅。但各國製造破壞的技術力量已大增於前。俄羅斯擁有核子武器，但將來伊朗和若干國家都會有。我們要盡點力改變現在出現的這種模式。

超越指數

SOROS ON SOROS

第三篇　人生哲學

拜倫・韋恩

第九章　失敗的哲學家

你說眼前你最關心的是你的觀念。雖說你從事的活動十分多樣化，從投資到慈善事業都有，但事實上，它們都因你觀念背後的哲學思想而緊密結合在一起。現在，你是否可以說明一下你的反射論、投資觀念、以及你對開放社會的使命感。

讓我試試看。畢竟，把我個人生命中不同的成分凝聚成一個一致的整體是我此生最大的目標。

在你不同的活動背後是否有一個統一的理念？

我把它歸納成一句話：我相信的是我的可謬誤性，即我可能犯錯這一點。這句話對我的重要性，就如同「我思故我在」這句話對法國哲學家笛卡兒的重要性一樣。事實上，它的重要性甚至有過之而無不及。笛卡兒這句格言鎖定的對象只限於思考的人，但我的理念和整個居住的世界息息相關。我們做決定時，錯誤觀念與誤解影響我們參與的事件。人的可謬誤性在所有人事上所扮演的角色一如突變在生物學扮演的角色一樣。

這種觀念對我而言至爲重要。在我尚未能將這個觀念整理成簡單的一句話之前，它就已是我生活的指導原則。至於它是否也能在別人身上發揮相同影響力，那我就沒什麼把握了。

你對自己的可謬誤性的依賴如何成為你人生的指南針？

從實務觀點來說，無論是賺錢或捐錢都用得上這句話。不過，我志不在賺錢。對我而言，金錢只是達到某些目的的手段。在事業上，我拚命賺錢，原因是我認爲未來的社會趨勢，一定是金錢至上，金錢成爲個人價值的量尺。我們從創作能力的角度去欣賞藝術家的才華，但在歌功頌德一名政治家時，則會看他募款的能力。許多時候，政治家往往以他們的副業能爲他們賺進多少金錢這一點作爲自我評估的標準。我這個人家喻戶曉，不是因爲我的哲學或慈善功德，而是因爲我能日進斗金。這種一面倒向金錢看齊的趨勢，實際上就是我所談的「可謬誤性」的重要佐證。

爲了更能說明我所謂的可謬誤性觀念，我將從我們人類的心智構造談起。我認爲，除了少數的幾個人之外，大多數人的心智結構都或多或少存有瑕疵。我們的心智結構可能有一點眞理存在，但這一點眞理在過度的誇大下，可能反而扭曲了現實。

若要應付我們對事物理解不夠周延的地方，其方法之一是將我們既有的知識、經驗、觀察力引進我們理解力不能涵蓋的範圍。我們使用視覺時，就是運用這種方法。我們可以毫無困難地涵蓋我們的盲點，即使最複雜的結構也同理可循。

何謂心智構造？

我指的是思維的產物，包括只停留在我們腦中、或是已透過語言或組織表現出來的事物。所謂組織包括金融市場、匯率制度、聯合國、民族國家、法律結構。仍留在我們心智構造內的思維，從最簡單的感覺到與這個世界有關或無關的複雜信仰體系都有。而已經表現爲具體事物的心智構造則是構成我們居住世界的很大的一個部分。

你認為所有心智構造都有瑕疵。

解釋有瑕疵心智構造的最好方法是從例外的情形着手，也就是從無瑕疵心智構造的角度談起。我們可以提出一些敍述句，這些敍述的句子可以是眞的，也可以是假的，但卻非有瑕疵的。只要我們有能力辨別敍述的眞僞，我們就能獲得知識。但是心智逾越了所謂「合乎規範」的敍述此一標準時，就是有瑕疵的心智構造。

因此我們必須檢視我們能做何種眞實的敍述。有些具體敍述與特定事實相符，我們也可以根據某些規則，從別的敍述句引出另一些敍述句內含的眞理，這種情形在數學和邏輯學最爲明顯。人類最大的成就是科學，在科學範圍之內，我們可以把特定的敍述和放諸四海皆準的通則結合，從而做成各種解釋和預測。不過，就如卡爾・波柏所說，通則無法證實，只能推翻。因爲在本質上，它們仍是假設性的論述，永遠有被推翻的可能。

這些不同形式的知識有一項共同點，就是我們可以使用事實或某些規則作為可靠的依據，以斷定知識的眞實性或有效性，問題只在於我們是否會應用這些事實或規定而已。這種依據是可靠的，原因是它們是獨立於適合和應用它們的人之外。

如果現在你假設自己是設法想了解我們居住世界的人類，你將發現，我們不可能把我們的思考侷限在超然於思考之外的事物上。我們必須隨時隨地爲生活做決定，爲達此目的，我們必須擁有一些並不足以稱爲知識的觀點，不管我們是否意識到這一點，我們的行事方式都是這樣的。我們一定要求助於信念。既生爲人，就難免如此。

理解人生這種情況不能算是知識——如果這算是知識，就會自相矛盾，不過，這種理解能提供一套信仰，而這套信仰將比其他信仰更貼切人生。至少，在我提出我自己的可謬誤性時，我是這樣認爲的。當我提出我的可謬誤性時，就是在發展一個信念，一種經過推理而產生並且適用於哲學的信念，但信念終歸是信念，我無法像笛卡兒聲稱他能證明他的名言一樣證明我的信念。我嘗試過，但屢試屢敗。要證明自己的可謬誤性似乎是一件自相矛盾的事，不能證明自己的可謬誤性，才應該是一種比較可以自圓其說的說法。所以我很樂意把我的說法所包含的眞理視爲一種信念。

這其中另有深意，意指我們都要有一些信念帶領我們走完此生，而不能光憑理性。理性大有用處，但仍有它的限制。如果我們堅持在理性的範圍之內運作，就無法應付這個眞正的世界。相反地，假如我們相信我們自身的可謬誤性，我們反而能夠飛得更高，走得更遠，甚至終生受用不盡。

所以你是在向我們介紹一種人生哲學。

是的。哲學已經沈淪爲一種專業學術，但事實上它應該在我們的生活中扮演一個更中心的角色。我們若無一套理性的信念就無法過活。問題是，在我們知道我們的信念一定有瑕疵時，是否還能在這一點的基礎上發展出信仰。我相信我們能，而且在我的生活中，我一直是由我的可謬誤性指引的。話說回來，我在傳達我的觀念，以及讓我的觀念普遍獲得接受這兩方面並不是很成功，所以，我一直自認是名失敗的哲學家。

你的哲學是如何形成的？

這是一條漫漫長路。如你所知，我受卡爾・波柏的影響很大。不只是他所寫的「開放社會」一書，他的科學哲學影響我更鉅。我同意他的觀念，也就是我們對我們所居住世界的了解本質上是不完整的。這種本質上的不完整，我歸因於我們只是世界的一部分；但我們同時也在設法理解和塑造這個世界。

身為學經濟學的人，我發現傳統的經濟理論，尤其是完美競爭理論，竟取得了知識的地位。我的數學不好，所以我寧可質疑各種假定，而不喜歡研究根據這些假定推演出來的方程式。經過思考後，我得到的結論是，經濟學的理論是根據錯誤的前提而推演出來的，這也是我的反射論的來源。反射論指出，思考與現實之間有一種雙向交互作用的關係存在。

在研究過程中，我不僅涉獵了邏輯學中所謂的自我指涉問題、說謊者的弔詭，最後透過哲學家羅素的類型理論以及邏輯學實證論歸結到我本人的反射論。

能否進一步解釋何謂說謊者的弔詭。

古代克列特（譯者按：希臘克列特島是古希臘文化中心之一）哲學家艾皮曼尼迪斯曾說：「克列特人永遠在說謊。」如果這項敍述是眞的，那麼克列特人其實並不是眞的永遠在說謊（譯者按：因爲說這話的人也是克列特島人），所以這項敍述是假的。這弔詭來自於艾皮曼尼迪斯的自我指涉敍述。我曾試著從自我指涉概念中發展出我的反射論，但自我指涉概念會引起邏輯上的不確定性。我認爲邏輯的不確定性和某一種因果的不確定性息息相關，因爲事件發生時，參與者曾運用他不完整的知識參與事件的過程，從而影響了事件。但現在我並不確定是否還需要以自我指涉理論作爲反射論的立論點。從一九六三年至一九六六年，我在這一點上浪費了三年的時間。

它的困境何在？

要證明我們對事物的了解在本質上是不完整的，是一件頗爲弔詭的事。有時候，我覺得自己已經快要達到目標了，但最後總是作繭自縛。不知這是不是我明知不可爲而爲之，還是我是一個無可救藥的哲學家，也許都是。也許每個人都得花三年的時間鑽研，才能開始相信自己的可謬誤性。其實仔細想想，不花三年時間，思考者可能無法根據自己的知識做成決定。

知識與事實有關，但參與者的決定與事實無關。思考者的決定與未來的某項事物有關，而當某項事物在未來的時間內成爲事實後，它又包含了思考者的決定。一旦你接受這樣的說法，你就必須了解思考者的思維與事情的眞實狀態其實並不相同，不過，它們也不能互無關係。兩者的關係有些複雜。從某方面說，現實反映在人的思維上，我稱這爲認知作用，另一方面，現實又會受到人的決定所影響，我稱這爲參與作用。這兩種作用朝相反方向運作，只在這一點上重疊：就是人在思考那些受他們決定所影響的事件。這些事件與我們研究自然科學時所談事件的結構並不相同，必須要以不同的方式進行思考。我稱這些過程爲反射。

其中差異何在？

自然科學所探討的事物，發生於人類思考之外，不論人對它的想法如何，因此，自然科學把事件看成一連串事實的銜接。當事件有思考者加入時，各事實之間並不因此產生直接的因果關係。只要參與者的思維扮演任何角色，事實就會引起知覺，知覺引起決定，決定又引起另一堆事實。

一連串事實與另一連串事實之間存在一種直接關係，這是所有自然現象的特徵。不過，另一種較爲迂迴的關係也不能完全忽視，否則將引起扭曲。但當人的想法與眞實十分接近時，這種扭曲往往是微不足道的，但當認知與眞實大相逕庭時，這種扭曲就變得很重要了。

認知何以會和真實距離很遠？

原因是認知與參與作用兩者會相互干預。這種干預出現時，無論是參與者的思維或事物的眞實狀態都會產生不確定因素。思維和眞實不一致的程度可以是大得驚人的。

太抽象了，可否舉例說明？

舉一個最簡單的例子：談戀愛。兩人產生情愫時，另一方對你的感覺將深受你的感覺與反應的影響，例外的情形很罕見，像但丁（Dante）和碧翠絲（Beatrice）就是罕見的例外之一。但丁和碧翠絲之間的愛意無法傳達給對方，於是產生了「她愛我嗎？她是不是不愛我？」這種情形。假如這是知識問題，不確定因素就不會存在了。但這是一個所謂互動問題，情感的交流是可以引起很廣泛的結果的，這些結果有些可能維繫，有些則不能。墜入愛河時，奇怪的事情就會發生了。把戀愛視爲事實是不合宜的，原因是事實總是超然於參與者的信念之外。

這點是可以確定的。

人類關係中的反射本質十分明顯，所以我想要反問的問題是：何以反射作用並未受到應有的重視。舉例說，何以經濟理論經常蓄意把它忽略掉？

你覺得答案是什麼？

反射性作用無法和分析科學目標吻合。分析科學旨在提供確定的預測與解釋。

反射作用卻提出了不確定因素，搞得天下大亂。

請解釋。

這部分的解說可能得費點唇舌。我必須借重波柏（Popper）完美的分析學模式來用上一用。整個模式是由三種敍述組成：具體的初步狀態、具體的最終狀態、和放諸四海皆準的通則。這三種敍述可以下列三種方式組合而成：通則和初步狀態結合後形成預測，與最終狀態結合時，則能提供解釋，具體初步狀態和具體最終狀態結合，則成爲通則的證驗。但假如要進行證驗，通則本身必須是超越時間限制的。

我喜歡這個模式的簡單結構，波柏利用它解決從具體到通則的歸納法的問題。他指出，科學方法不一定要靠歸納法，也可以靠驗證。理論經過驗證，才算得上是科學的理論。

我想借用波柏的模式解說反射作用打亂這個模式。如果反射互動作用能同時改變參與者的思維以及事物的眞實狀態，超越時間的通則是無法驗證的。重複做實驗時，我們常會發現，出現過一次的結果不見得會再次出現，於是，整個美妙結構也宣告瓦解。也難怪會如此，因爲這個模式的背後假設了一個決定論的宇宙。如果現象並不遵守無時間限制的隨時有效通則，前述那些定律又如何用來預測與解釋現象？

你的反射論與海森堡量子物理學中的不確定原則有何關連？部分評論者認為你的理論只是拾海森堡的牙慧。

我所主張的不確定性與他的有所不同。我的不確定性不單會影響主題，連相關理論也會受波及。海森堡確立了不確定性原則，量子物理學根據此一原則推出了若干很有預測和解釋力的統計通則。不確定性原則主張觀察量子現象能夠影響它們的行爲，但是不確定性原則或其他量子物理學的理論並不影響量子現象的變化。因此這些現象可以作爲一個可靠的準則，用以判斷理論的有效與否。

假設現在我提出一項預測股市變化的理論，當然它會影響股市的變化。它所產生的不確定性與量子物理學所謂的不確定性截然不同。它會影響用來判斷敍述的眞假或是否爲有效理論的標準。

你是不是說在股市中，真實的理論有可能是錯誤的，而錯誤的理論有可能是真實的？

我所說的不只這些，我認爲我們對眞實兩字的觀念仍有待改正。人類似乎有必要承認，所有的事物不只是眞假兩面。邏輯實證論者聲稱，既非眞也非假的敍述是無意義的敍述，但我全然不同意這項看法。可以影響其主題的理論絕不會無意義。它們能改變世界，它們是思維能在現實世界中扮演積極塑造角色的具體表現，而我們必須調整我們對眞實兩字的觀念才能了解這點。

我主張我們必須認清任何事物都有三個層面：眞、假以及反射。反射敍述的眞假值是不確定的。我們有可能再找到其他眞假值也不確定的敍述，但即使沒有它們，我們仍能好端端地活著，但若無反射論，人類就無法生存。我毋須再強調這項理論的重要性。在我們的思維中，眞實的觀念是最根本的。

這是相當強烈的說法。

我從未這樣強烈敍述它。我一直懷疑它能否禁得起批判的考驗。

如果通過了考驗，我們又該如何？

那我們對世界的看法就得徹底改變。我舉一個小例子。現在市場存在的普遍看法是，市場是完美的，而此觀念的依據是政府的規章制度不能實現目標的這種看法。如果你引進第三類的眞實——反射，就可清楚看出規條的失敗並不意謂自由市場是完美的。兩種安排都有缺陷，而中間的選擇是反射。

反射敍述並無可供判斷眞假的獨立準則。它的眞實值是不確定的。但它們也不代表無意義。要適應我們生活的世界，就必須要有反射。而它們不只是被動地反射事物，它們也主動構成我們存在的世界。有一點可以確定的，在我們的思考外，尙有現實存在，一個不向我們意志低頭的現實。我們的思維，我們的敍述，都在這個現實之內，構成此一現實的一部分。

不知道是什麼緣故，我們認爲這個世界和我們對世界的看法組成了兩個分隔但又極類以的宇宙，當敍述反映事實時，兩者之間就能建立對應關係。這種想法既錯誤且誤導。它可能適用於科學方法或公理體系如數學和邏輯等，但對我們活著且能思考的人類，卻是絕不合宜的。

如此一來像經濟學這樣的社會科學地位何在？

波柏認爲相同的方法與準則也適用於社會與自然科學。他稱此爲方法統一學說。我對此一學說存有若干疑點，拙作「金融煉金術」的書名就表明了這一點。我認爲「社會科學」是一個錯誤的說法，反射現象是無法用放諸四海皆準的通則加以解釋或預測的。

我的論點也許走過了頭。自然科學的研究方法與準則或許能運用於社會現象上，且能在它們的研究範圍內得出有價值的結果。但我們得切記，反射現象不在其研究範圍之內。舉例說，經濟理論作爲一種假定了反射現象的假說，是有效的。但當你將經濟理論的結論運用在眞實的世界時，我們將得到一個扭曲的圖像。這在金融市場尤其如此，因爲反射現象在金融市場起很大的作用。所謂合理預期與有效市場論是相當誤導人的。

經濟學理論試圖模仿物理學。古典經濟學以牛頓馬首是瞻，但這一派學者他們忘了牛頓曾在南海泡沫（譯者按：南海泡沫是一項投機騙局）中損失大筆金錢。經濟學能模仿物理學的唯一途逕是從研究主題中剔除反射，於是他們假設知識是完美的，後來又改而假設資訊是完美的。我在倫敦經濟學院的教授里諾・羅賓斯那兒發現了完美的遁辭。他說經濟學關切的既不是方法也不是目的，而是方法與目的之間的關係。也就是說，方法與目的都要被視爲是既定的。這種方法論上的遁辭使我們根本不可能有機會研究反射的互動現象。

波柏曾攻擊馬克思主義與佛洛依德的精神分析理論，認爲這些理論聲稱合於科學，但又無法證明其對錯，因此，它們聲稱合乎科學是錯誤的。我同意這種說法，但希望能更進一步闡明。我認爲波柏用以和馬克思主義唱反調的論點同樣也可以應用在更受人尊敬的一些理論上，如完美競爭論等。

完美競爭理論聲稱在某種特定的前題下，不受限制的自我利益追求可導致最有效的資源分配。我無意推翻經濟學，我認爲它是十分優雅的理論建構。但我的確懷疑它在眞實世界的適用性，我也懷疑它是否能通過金融市場的考驗。我相信單是量子基金會的表現，就足以證明這些理論是錯誤的。

你覺得這些理論應該用什麼東西取代？

我認爲社會科學在它野心勃勃想模仿自然科學時，就已大舉破壞了社會科學本身的主題。現在該是將社會現象從自然科學的緊身衣解放出來的時候了，特別是自然科學本身現在也出現了徹底的改變。分析學的某些領域已被所謂複雜現象的研究所取代。分析學被侷限在封閉的系統內，這是它們能產生確定結果的原因。但複雜現象研究的是開放、演進的體系，不被視爲能產生確定的預測或解釋。它的目的是建立模式，進行模擬，提出含糊且不具波柏式預測能力的哲學通則。它能夠實行前面兩種功能，主要是拜電腦科學發展所賜。

我相信這種研究方法比較適合社會現象的研究。不過，甚至在這本書中，我仍發現社會與自然現象的差別並未獲得充分體認。大多數電腦程式處理的是人類演變的問題。但要了解思維與現實之間的相互作用，我們必須要有一個模式建立者的模式，他的模式又必須包含模式建立者，而這個模式建立者的模式又必須涵蓋模式建立者，以此類推，直到無窮。就我所知，這一點至今電腦仍辦不到。模式若要能實際運用，模式的無窮互相涵蓋就必須要有終點。結果是模式不能將現實的複雜性完全反映出。這也是可用來證明參與者的了解本質上一定是不完整的另一途徑。

如果我接受你所有的論點，你的反射論又如何解釋和預測事件的過程？

它無法做到此點。它甚至無法佯裝它是一項科學理論。海森堡的不確定性原理側重於統計機率。它無法決定特定分子的行爲，不過卻能對某種特定的現象做成相當可靠的預估。相形之下，我的興趣在於特定事物的過程。身爲投資人，我發現統計機率的價值相當有限，眞正重要的是某特定案例的來龍去脈。同樣的道理更適用於歷史事件。我無法做可靠的預測，我所能做的是提出一種構想。然後我能以事件實際發生的過程與假設理論做比較。這樣的假設並不具科學有效性，不過它們具有相當大的實用價值。它們能作爲眞實生活的決定依據。

我無法根據放諸四海皆準的通則預測事件的經過，不過，我能設計出一個概括性的架構，根據過去的經驗，幫助我預測和調整目標。

換句話說，海森堡提出了不確定性的科學理論，但是我的架構協助我用非科學的方式處理不確定性。這是十分重要的區別。若從科學標準來看，我的理論毫無價值可言。它無法提供決定性或機率性預測和解釋。

海森堡是一名研究物理現象的科學家，而他的理論也是科學性的。我則是個思想參與者，試著了解人生的意義，我的理論是非科學的。我們各得其所，因爲我了解思想參與者與科學觀察者本就不同。

你的大作書名是「金融煉金術」，莫非你認為你的理論是煉金術，而非科學？

是的。煉金術士設法以唸咒的方式把低級的金屬變成黃金，當然是緣木求魚的事。對於化學元素，煉金術可能起不了作用，但在金融市場則可能行得通。咒語能夠影響左右事情發展的人的決定。

煉金術暗示某種干預、操縱、物質的改變。

不錯。在金融市場，理論能夠改變與它們相關的實質。舉例來說，有效市場論引起衍生性金融商品的廣泛應用，但衍生性金融商品也可能一舉拖垮市場。我熱愛追求事實，因此堅持社會科學是一種煉金術而非科學。科學的名氣響亮，所以它會吸引人去冒用它的美名。由於科學名氣很大，因此社會科學家可能借科學之名牽強附會。

我不想去誇大我的問題。社會科學家和所有的自然科學家一樣，都在追求眞理，只是社會科學家有機會冒用科學家不能冒用的名氣來牽強附會。爲避免越軌行爲，只有承認這是可能的。這也是我主張「社會科學」是錯誤的說法，而且堅持我自己的理論比較近似煉金術而非科學的原因。

如果你的理論無法提出可供作為預測與解釋之用的通則，它又有何用處？

它打開了新的研究領域，就是思想與現實兩者之間的關係。我甚至還未抓到皮毛，就已獲得一些有趣的見地。我發現區分近似平衡以及極不平衡這兩種狀態是件饒富趣味的事。

當知覺與現實十分接近時，此時會有力量試圖將它們拉得更近，我稱這種狀態為接近平衡狀態。而當知覺與現實南轅北轍、毫無交集的傾向時，我稱此為極不平衡狀態。不平衡狀態分成兩種：靜態不平衡與動態不平衡。靜態不平衡指的是流行的教條與流行社會趨勢都固定不變，但彼此互無關聯；而動態不平衡則指眞實世界與參與者的觀點改變速度太快，兩者只會漸行漸遠。

這讓我們重回六萬四千美元的問題：當時你並未給予我們完整的答覆。這問題就是你如何區分不同的狀態？

我早先就說過，我並無明確的答案。只有一點是十分確定的：界線與指導人類行為的價值有關。以水為例，水會結冰或變成水蒸氣是因壓力與溫度的關係，但在這裏，它則是價值觀的問題。問題是，價值無法像溫度一樣量化，因此我們必須找尋一個能夠計算價值的方法，這就是我沒把握的地方。

我發現我對價值的了解實在極為有限。我唸過經濟學，但經濟理論把價值視為理所當然。我曾研究哲學，但我只專注在知識論而忽視倫理學。話雖如此，我還是十分了解兩者區別所在，只是沒把握能否將其解說清楚。不妨試試看。

仔細檢視靜態的不平衡狀態與近乎平衡狀態的界限，我會說在接近平衡的狀態中，人類知道思想和現實的差別，也明白兩者常常無法一致。人類願意從經驗中學習，且努力自我實現，這些努力使他們不至於太脫離現實。相反地，在靜態不平衡中，人類無法區別主體與客體，或是接受任一教條爲至高眞理。例如原始人類對鬼神精靈的信仰，或是前蘇聯的共黨教條，就是這種情形。

不過，在動態不平衡上，我就無法適當地釐清界限。思想與現實的區隔變得模糊不清，但是這回卻是因現實過於不穩定，無法像平衡狀態般受到尊重，它同時變得太具威脅、太可塑了。這現象不會自行發生：原因是參與者的價值系統也脫節了。這是人類的價值觀與事件互動中的互相強化作用。我們又重回老問題，我們談的是大起大落過程。

如何區別失控與中途停擺的大起大落過程，才是眞正重要的問題。要回答這個問題，若以實際的金融市場爲例，會比純粹的抽象的解答方式來得容易。假如你還記得我舉過的不同例子，你會發現所有失控的過程，都是因爲流行的價值觀有瑕疵。最常見的瑕疵是原來被視爲最基礎的價值其實竟然是反射現象。組成集團公司的熱潮即爲一例：民衆相信，每股的平均收益和股票的市價無關。國際借貸熱潮也是同樣的例子：銀行業者相信，他們據以決定借貸國借貸能力的債務比例，和他們自己的放款活動無關。

但是還有一個我從未提及的不穩定源頭。人在缺乏根本價值狀況下運作時，當他們了解市場是反射的，而「趨勢才是他的朋友」時，市場的確會變得不穩定。貨幣市場的情形就是這樣。就如同我在「金融煉金術」所說，追隨趨勢的投機行爲會使得自由浮動的匯率制度變得不穩定，且此不穩定性還會不斷累積，這種投機行爲持續得愈久，市場就愈不穩定。

從金融市場回到一般的歷史過程，我認爲，爲了維持近乎平衡的狀態，人類必須認同某種根本價值，也就是說，他們必須要有共同的是非觀念。一旦失去這項共識，每個人任由他們的權宜手段牽著走，局面就會變得不穩定。

我認爲這個不穩定來源目前特別重要。以股市而論，大部分玩家都是法人，他們不關心基本價值，只在乎相對表現。而在表現的競爭中，則是一味地人追人，這反而助長了一窩蜂跟著趨勢走的行爲。

另外，我還認爲，這種不穩定的來源和政治體系的關係更大。政治人物只在乎一件事——如何當選。這種想法破壞了我們的開國元老構想中的民主基礎。代議民主政體的基礎是候選人發表政見，再由選民從中選擇。然而如果參選者先研究出選民的要求，再根據選民的要求設計政見，挑選民中聽的話說，如此的做法會出現短路，整個過程也會開始變得不穩定。而電視競選廣告的浮濫，使得選舉的不穩定更變本加厲。

所以你認為股市的現狀以及選舉過程兩者都是反射行為的絕佳例證？

兩者都因相同原因而愈來愈不穩定，甚至瀕臨崩潰邊緣：兩者都欠缺基本價值。不過，問題比表面看來嚴重。反射論認爲所有基本價值都有缺陷，而在某種狀況下，這些缺陷變得十分明顯。然而基本價值有它存在的必要，以維繫近乎平衡的狀態。如果我們知道所有價值本質上都只是反射的，因而揚棄所有的價值，就會讓情況變得更加不穩定。因此，近乎平衡狀態有其自相矛盾之處。不過，如果你仔細想，它和我的反射論相當一致。如果近乎平衡狀態是穩定的，就不可能有極不平衡狀態存在。近乎平衡必須是一個不穩定狀態。

我真的被搞糊塗了，究竟是什麼意思？

就金融市場而言，如果反射論能廣爲衆人接受，市場就變得比較具反射性。我不贊同相對表現的觀念。我純粹是根據絕對表現管理我的基金，我也認爲這才是正確方法。我認爲如果投資人能以絕對表現而不是相對表現作爲投資依據，市場會平穩許多。不過，我們必須知道，投資的目的在求表現，因此，重要的是股票的漲跌，而不是股票的根本價值。但當我們棄基本價值於不顧，只追求相對表現時，市場又會變得不穩，但我們又必須跟著玩。

若從更廣大的角度來看，是制度出問題了。制度要穩定，就必須靠基本價值來維繫它。

這套理論適用於金融市場，也適用於政治。當基本價值有缺陷時，會出現何種景況？更甚者，假如有人認爲所有基本價值都有缺陷時，情況又會如何？制度將變得搖搖欲墜，進入一種動態的不平衡狀態。問題是，根據我的反射論，所有基本信仰本來就是有缺陷的，一如所有人爲建構都是有缺陷的一樣。在特定情況下，缺陷可能變得十分明顯，如果我的反射論廣被接受，所有基本價值的潛在缺陷都將變得十分明顯。當你知道基本價值可能有缺陷時，又怎麼可能會去依賴它？這正是困難所在。我認爲穩定——亦即平衡狀態——是一種很理想的狀態。但我的反射論又破壞了人對基本價值的信心。

所以你的反射論本身是具反射性的，就像是自敗的預言一樣。

正是如此。它提出了這個問題：「如果你知道你的信仰有缺陷，又如何繼續信仰它？」

是的。如果我們能夠接受我們的了解一定不完整這一點，我們就能根據這項見解建立一套價值系統。

太抽象了，可以說得更具體些嗎？

好，但我必須提出開放和封閉社會的觀念加以闡述。開放社會是建立在我們對本身的謬誤性的認知基礎上，封閉社會則相反。如果我們的確有可能謬誤，我們會喜歡居住在開放社會而不是封閉社會，否則我們將失去思想與選擇的自由。問題在於只有曾經歷過封閉社會高壓政策的人，或是極度厭惡封閉社會的人，才會有這種想法，這不是每一個自出生以來就享受到開放社會的人能夠自然而然地理解的。

最近我有一些有趣的經驗。我在英格蘭與聽講者討論開放社會問題，有一個人突然說：「我從不覺得自己生活在開放社會裏。」這是開放社會的一大缺點。自由有如空氣，大家早就視為理所當然。不過，從另一角度看，它又與空氣截然不同。如果你不珍惜它，不保護它，就會失去它。

乾淨的空氣不也是這樣嗎？

你說的對。這個類比比我所想的好。無論如何，開放社會的觀念必須根植於人類對自身可謬誤性的認知。如何將它變成一種基本價值則是個問題。我對自己問題的答案已很滿意，但不知是否已清楚表達。這是一項艱鉅的任務。我們很容易就相信你所贊成的就是至高眞理。而要自己一面想自己可能有錯，一面又要去認同一個社會組織形式，是一件不容易的事。此時，我們要去證明世界上並無至高眞理這回事。但證明此事是很費周章的事，得讓我把在這本書所寫的論點重新敘述一遍。時間可能不夠，尤其是當你是在和一個手上有槍的人爭辯時。

去年夏天在布拉格，就在波柏去世前不久，他曾告訴我一個故事。說多年以前，他曾如何在奧地利的一個湖邊與人辯論世上並無至高眞理這回事。那人最後說，我不和你爭辯，我開槍。當那人把衣服穿好時，他穿上的是特勤人員的制服。

以一種特別的方式，它仍然是今日社會所面對的一個困境。如果我們想要一個開放社會，就必須準備去維護它。我們必須如此相信，因爲個人利益必須附屬於大眾利益。只可惜口口聲聲說熱愛民主與自由市場的人很少會贊成這項觀點。

太抽象了。

沒錯。但眼前就有一個大受歡迎的抽象觀念：自由競爭概念，它就和母奶一樣准許人們去追求自我利益，然後把其他問題交給市場機制去解決。這項理論的背後是假設市場永遠不出錯。你知道的，我對這項理論持反對意見。所有人類架構天生就有缺陷，而政府無能管理這項事實，並不保證無政府管理會帶來更好的結果。市場機制是因它能提供回饋和改正錯誤，才優於其他安排。這和邱吉爾一句與民主有關的名言有異曲同工之妙。他說，這是除了其他以外，最糟的制度。

我相信自由市場與民主。但在放任機制上仍有一點不敢苟同，光是追求個人利益是不夠的。我們必須將自由市場、民主、自由社會的共同利益擺在個人利益前面，否則整個制度就無法存活。

金融市場有一個缺陷，它們天生就不穩定。它們必須要由一個被賦予保存與重建穩定權力的權責機構負起監督責任。歷史告訴我們，零規範的市場輕易就會崩潰。中央銀行制度的產生，就是因爲曾爆發多次銀行危機。

不過，我們也發現另一個窘境，管理人員不見得比市場來得完美；這的確是，或甚至更不完美，因此規範永遠會出現非預期結果。當市場機制功能發生故障時，我們常會以引進規範的方式去限制損害，但是規範又會帶來扭曲，甚至最後當規範無法作用時，它們也崩潰了。接著我們就從放任機制擺盪到高度管理的另一端。我認爲這樣的擺盪是無可避免的。問題是，擺盪的幅度有多大？它們仍是在可容忍的範圍內？還是已超乎容忍度？在作用良好的金融制度或是政治制度中，其規範是十分微妙的，你甚至感覺不到規範的存在。但當制度崩潰瓦解，出現崩盤或不景氣時，任何的規範都可能過度。如果開放社會不會出現崩潰，封閉社會就無生存的空間。

所以你認為歷史是封閉與開放社會交替存在的大模式。

不是。除非是歷史跟隨的是一個預先決定的模式才會如此。我的理論中心是所有事件的過程都無法預先安排的。如果人類花工夫去維護它，開放社會可以一直存在，它的壽命長短完全取決於人類。封閉社會有時看來無止無盡，就算是他們並不眞能如此，他們也會聲稱它會是永恆的狀態。如果你仔細想，就會發現你所說的開放與封閉社會交替存在並不屬於歷史，它是當我們區分何者是開放何者是封閉社會時，被我們引用到歷史上的。如果那是我們唯一所劃的界限，它也是我們唯一可以觀察的模式。

我應該說明，開放與封閉社會並非眞正的歷史觀念。歷史受時間限制，但這些觀念並不受時間拘束。它們只是湊巧與歷史的此刻有關，而就一九八九年的革命而言，它們更是特別能發人深省。不過，在歷史的不同階段中，還有其他不同的區分比它們來得更有關聯。

如果開放社會不是歷史觀念，那它是什麼？

它純粹是一個理論觀念，來自於思想與現實的矛盾之處。我們有兩種看待這種矛盾的方式。開放社會承認矛盾的存在，封閉社會則否。這些是可能與眞實情況接近的抽象模式，但從來無法達到相當的眞實情況，否則思想與現實之間就無矛盾存在。

你的開放與封閉社會架構與你的近乎平衡狀態與極不平衡狀態有何關聯？

開放社會與近乎平衡狀態相等，而封閉社會與靜態不平衡狀態相等。這點並不意外，因為兩者都是根據相同的前提劃分，也就是參與者是根據不完整的了解採取行動。

動態不平衡在整個架構中的位置何在？近乎平衡狀態與開放社會相等，極度僵化社會又與封閉社會相等，那麼極度可塑性又該如何？

那是制度的改變，不是制度。它是一種時間被濃縮的過程，而不是有某種永續程度的事務狀態。就像海森堡理論中的量子，它可以另外被看成分子或電波。近乎平衡與極不平衡狀態的區隔以及開放與封閉社會的區隔，在制度改變研究中被結合在一起。我對制度改變特別感興趣，但我要強調，開放與封閉社會並不是歷史中唯一可以被拿來觀察的制度。事實上，由於它們只是理論結構，所以它們無法在歷史中被觀察。但有許多制度是可以被觀察的：政治制度、經濟制度、主導某些特定公司的制度、工業、機關、甚至個人生活的制度，如一夫多妻、思想學派、風格等。我的制度改變理論也應能適用於它們。

這一生我一直與制度改變脫不了關係，無論是理論或實務上。由於我一直無法爲制度下定義，所以我在理論這方面一向做得不好。制度算是某種心理結構，但究竟是哪一種？

在眞實生活中，你會發現制度不太可能單獨作用。即使是在金融市場，大起大落的順序常被外在的意外事故打斷。例如，國際投資制度的大起大落順序就因墨西哥危機而出現變數。我很少提及制度是何者組成的，或是制度又如何相互牴觸。

在我還是個十四歲的猶太小孩時，我就曾在先被納粹佔領、後爲蘇聯佔領的匈牙利過活，我可以說很早就有經歷制度改革的實際經驗。當我開始活躍於金融市場時，我的專長就是大起大落。每當我建立一個基礎，往往又被困在改革中。

你的開放與封閉社會與你的大起大落理論有何關聯？

因爲制度本身無法孤立作用，所以單獨研究大起大落與其他形式的制度改變是很困難的。還有就是，不同制度之間的關係本身就很雜亂無章，並不是很嚴謹地都在大制度下設有小制度。它們的組成、解體或重疊上，都是很隨意的。這也是爲何有這麼多外在變數的原因。

就這方面而言，開放與封閉社會是相當特殊的。它們是全面性地延伸到各行各業。它們涵蓋所有其他制度。這使得它們特別適合用來做制度改變的研究。能夠研究一個以蘇聯制度管理之封閉社會的大起大落，是一件很特別的事。

開放與封閉社會從另一方面而言也十分特殊，它們代表的是人民的理想。我對開放社會有種強烈的認同感，認爲它是一種人人嚮往的社會組織，所有曾居住於封閉社會的其他人，相信都會如此認爲。

不過，開放社會的理想並非毫無缺陷。不穩定、價値的缺陷，都是它的缺點，這是開放社會就理想而言有時顯得較爲脆弱的原因。封閉社會所提供的理想則更吸引人。不過，在封閉社會，理想常與現實嚴重脫節，在開放社會，理想與現實則相當靠近。你必須要了解思想與現實之間的矛盾，才會選擇開放社會。

開放社會何以能成為一種理想？

它是根據我們知道我們的了解一定有瑕疵而來。它看來是缺點，但正好相反，不完美的可以加以改進。接受因我們的缺陷而帶來的不確定性，能爲我們敞開無止盡改進的大門。

科學是最佳明證。科學是人類智慧的榮耀，而它是完全根據相信它自己的缺陷而來。如果科學理論包含至高眞理，就無考驗它們的必要，而科學進步也會停止腳步。科學很特殊，是因它有一個可供應用的可靠準則，也就是眞相。人類的其他智慧結晶，如哲學、藝術、政治、經濟，因批判過程的緣故，無法成爲好例子。不過，一旦你放棄「完美」這項不可能的要求，就能踏上進步道路。看著證據，你會發現開放社會通常與進步繁榮連接在一起。

開放社會也有致命傷。居住在開放社會的人並不認爲開放社會是值得奮鬥的理想。理想很簡單，開放社會提供選擇的自由，失去它時，會頭破血流地去爭取，但當它唾手可得時，就會顯得不足——這其中還是有選擇的動作。你不能只說你是民主人士，你還必須說清楚你是社會民主、自由派民主、基督徒民主人士或是其他。這是何以民主人士之間也起內訌的原因，然而支持封閉社會的人，則可能仍十分守紀律與團結。

這意謂開放社會注定敗亡？

一點也不。只要開放社會被公認爲是共同的價值，就算民主人士內部派別林立，仍能共同抵抗外侮。困難在於開放社會自身就是它最大敵人，因爲開放社會並未被認爲是一個共同價值。這是波柏未能提及之處。就如我早先所言，人民可能願意爲國家或國王捐軀，雖說現在這種人已愈來愈少，但他們絕不會爲開放社會這個觀念拋頭顱灑熱血。

為何這個國家的人民必須為另一個國家的開放社會犧牲生命？

問得好。答案是開放社會是一個世界性觀念。可能犯錯是人類的狀態，它適用於我們所有人。獨立宣言聲稱所有人生而平等。就它的形式而言，它無法不證自明，但若從人類狀態來看，它言之成理。就人天生有可能犯錯而言，我們的確生而平等，而它可用來作爲全球價値的基礎。

我還是不清楚，你認為人有可能犯錯的信仰如何能夠導出你認為開放社會是全球價值基礎的結果。

其中的因果關係並不明顯。但我還是可以以能夠滿足我自己的答案向你解釋。不錯，我同意這項因果關係，但我不能期待他人苟同我的觀點。我必須承認，就某方面而言我算是特例。我們拋開智識不談，很少有人擁有的金錢比他們需要的還多。這使我與衆不同。好像我絲毫不受地心引力這條規則的限制，我能自由自在想像，而我的想像是爲了提升開放社會這項觀念。不過，在此我也碰到我自己的缺陷，一種我無法逃避的束縛。

僅是我一人相信開放社會是無法讓它誕生的，它必須是社會共同的信仰。而那也是我一直無能爲力之處。我在共產制度下曾發現熱愛開放社會這個觀念的人，雖說他們不是這樣稱呼它。它不需被明確說出，我們擁有相同的價値。我可以強化他們，透過我的基礎賦予他們力量。

我同時從我的理論架構知道，開放社會因欠缺價值而深受其害。尤其是，我感覺歐洲需要一個觀念去刺激它，因爲歐洲的協議已不足以讓它團結一致，而我認爲因爲東歐熱愛開放社會的觀念，所以能夠提供這項刺激。不要笑我，我眞的這樣認爲。

但事情都有正反兩面，西方國家未能及時應付變局，改革的火焰已然熄滅。現在已很難說前共黨國家有人嚮往開放社會觀念。我有一個基礎網路，他們能夠保持火焰燃燒。但我仍忍不住要問，我是否在追尋一個不可能的夢？

那些和基金會一起工作的人確實相信開放社會的觀念。所以我知道我並不孤單。有些人透過基金會提供金錢援助但仍會受到多方限制，我卻不會有此問題。就這點而言，我們是沈溺在一個共同的幻想中。

爲了讓美夢成眞，社會必須變得與開放社會享有共同的價值觀。但這是一大障礙。因爲開放社會的觀念正在式微中，因此它不會咄咄逼人。但是如果這些國家成功轉型成開放社會，他們將和西方的開放社會一樣，人民只汲汲營營於自己的利益，而完全忘卻開放社會同時也是一個理想。我已在捷克這個國家見到了這樣的蛛絲馬跡。

這使得我將注意力轉向西方的開放社會。他們必須被說服有必要將開放社會視同公益——一個共同的價值。但是我不知從何規勸起。通常，一個人能從他的信仰向外延伸。我在亞里斯多德那裏曾讀到，人以他自己的形象創造了神。但就我而言，那眞是荒唐可笑。我必須將我自己列爲特例。而我也記得，在賺錢上我曾相當自我，是後來才變得全心全意支持開放社會的觀念。我無法拿我自己當例子，我必須找其他例子來證明我的觀點，但卻無計可施。我知道我是單獨一人與主導趨勢唱反調。作爲一個投資人，我會鳴金收兵，但其中有太多風險。我可以淸楚看見主導趨勢威脅到我們文化的生存。即使打敗仗也要搏上一搏。

讓我助上一臂之力。讓我們按部就班來。首先，告訴我，你的倚賴不可靠性如何導出你的開放社會觀念，因為我對此仍有困惑。

好。我認爲我已解釋過了，不過我可以再解釋一次。如果沒有人擁有至高眞理，我們就需要一個社會組織形式，以確保人類的選擇權利。

但如果無人有至高真理，你又如何有權將你的社會組織形式強加在別人身上？它就在美國憲法內，而它也會是未來英國憲法的一部分。

但我仍需要一個能讓我願意為其他國家爭取開放社會的理由。

這是個難題。我們須擁有一套世界秩序，才能促進和保護開放社會的原則，只是我們並不了解我們有這種需求。我們從未有一套世界秩序，現在又爲何需要了？國家與國家之間一直是種權力關係，而和平與穩定則來自於均勢。不過，冷戰時期的權力均衡已告瓦解，而至今仍未見到新均勢的出現。我們必須找到一個共同基礎，一個能讓我們對抗民族主義分子或是基本教義派專權的全球性觀念。

我認爲開放社會的觀念能夠成爲這個共同基礎，只可惜不是每個人都和我有一樣的想法。沒有共同的信仰與穩定的權力關係，我們的文化就注定會滅亡。這是我一直想傳達的觀點，但迄今毫無斬獲，無論是作爲一個哲學家或行動家，我都是個失敗者。

第十章 權力與神話

在你我相識廿五年中，你的生活起了許多變化。最大的變化可能是你成為一個握有很大個人權力的人。它如何改變你的生活？

它使我的生活變得更好。雖然它也有它的負面缺點，但整體而言，它總算是如我所願。長久以來，我一直盼望我的見解能有聽衆，但始終無法如願。一直到英鎊危機發生，我才成爲眞正的公衆人物，而它也眞的改變了我的世界地位。

記得一九九〇年初，你無法讓財政部和國際貨幣基金，聽從你有關東歐方面的意見時，我曾告訴你，華府只把你當做是另一個在華爾街致富如今想提高地位的人。當時，我們曾討論過增加你的曝光率好讓媒體多注意你，因為那是讓別人聽你意見的方法之一。於是你展開一波自我宣傳攻勢，結果獲得你今天所享有的影響力。這和你以往的風格有天壤之別，但它讓你達到了目的。

這並不完全正確，我並未從事自我宣傳活動。我只是不再像一九八九年前那樣對記者退避三舍。我十分清楚我何時做了轉變。那是一九八九年十月或十一月，當時我很想見美國總統布希一面，和他談談應付蘇聯的新策略，但苦無機會。我都已和當時的助理國務卿伊哥柏格連繫上，但就只能到此爲止。

於是我決定寫書。但是在更早之前，我還曾試圖與英國首相柴契爾夫人會面，我希望她能支持一項援助蘇聯的柴契爾計畫。當時我覺得她是引領世界走向正確方向的不二人選，因美國與歐洲都對她信任有加。但是我也始終無法與她謀面。她看得到我的留言，但我就是無法和她會面。

柴契爾夫人直到不再任首相時，才與我通電。她在成立一個基金會前想聽聽我的意見。我也從未能與戈巴契夫碰面，因爲他害怕談論經濟問題，所以始終不願接見我。所以雖說我很活躍、影響力也不小，但我始終見不到我想見的人。很諷刺的是，我不是因爲我的慈善事業或我的哲學而成爲名人，純粹是因爲我會賺錢。是我解除了英鎊危機才使我成爲有地位的人。我認爲這算是我對我們社會普偏價值觀的一種批評。

你在英鎊危機上的成功加上你與媒體接近，真的為你塑造了公衆形象，結果還讓你擁有無上的權力。

我始終不十分了解你們所說的權力。每個人都說我擁有很大的權力，但這些權力究竟又是什麼？我能牽動市場嗎？或許我能，但也只有在我料中市場移動的方向時，我才有此能力。如果我估錯了，還是只有認栽。我能影響政府嗎？我開始有這個能力，但這全靠我所建立的信譽。

你的影響力來自於你的知名度，而不是你的知名度來自於你的影響力；但你的知名度又來自媒體。

無論如何，當初並不是我要求媒體捧我。我只是同意接受亞當・史密斯金錢世界的電視訪問，和他們討論英鎊危機問題。那次的訪問以及另一次英國電視台的訪問將我塑造爲「讓英國破產的男人」而開始讓我走紅。我在想，如果以前我就對媒體有問必答，可能反而更早就被他們毀了。我說的是眞的，因爲我從不追逐媒體，結果他們反而願意聽我說些什麼。與媒體談話，我從來就沒有選擇話題的權力。他們會追問我一些金融狀況，而大多數時候我都不作答。但我告訴你，直到一九九二年以前，我談東歐問題的文章始終上不了華爾街日報或紐約時報的社外專欄版面。

你說最近媒體又開始抨擊你。

基本上，媒體對我的厚愛已遠超過我的期望。媒體是在聽煩了我的善行義舉後，才開始對我吹毛求疵。所以我不應該感到太難過。只有一件事令我特別困擾。因爲我的影響力被誇大了，所以我也成爲最近反猶太陰謀論的主要攻擊目標。這是做好事不見得有好報的最佳例子。我成立開放社會基金會的原始目的就是爲了創造一個不會讓這種陰謀論有處生根的社會，但在宣傳開放社會理念的過程中，我蓄積了一股神秘的力量，而它也孕育出陰謀論，你說可不可笑。

我想這是不是樹大招風的後果？最初因為好奇心的驅使，媒體想寫些有關你成功的新聞。但當衆人對你瞭如指掌後，攻擊你成了唯一還能令他們感興趣的事。

我想媒體就是這麼一回事，不可能有更進一步的理由。

這是因爲你是美國人而你並不知道其正主導歐洲，尤其是東歐的一些神話。反猶太主義（Anti-Semitism）有其根深蒂固的歷史，甚至比希特勒時期還早。它可以追溯到上一世紀末甚至更早的年代。它停留在人類思想黑暗的一面，當混亂與騷動發生時，它就會迸發出來。

你的猶太血統曾影響你的理論發展嗎？

影響相當大。如果你設身處地爲我想的話，你就會知道。因爲我的猶太人身分，使我在十四歲時曾險些遭到處決。換做是你恐怕也不易忘記吧？也從那時起，問題開始從我的意識浮出，不過，這個問題是從我出生後就一直潛伏在暗處的。幸好我也過過好日子，才能撫平那一段傷痛。

你的猶太血統是你致力推行開放社會觀念的主因嗎？

毋庸置疑彼此間是有關聯的。從猶太人對處決的反應，我們可以看出他們也傾向於兩種逃避方式：一是超越個人問題，把它視作一種全球問題；另一則是認同於迫害他們的人成爲他們的一分子。我來自於一個同化主義的家庭，但我選擇了第一個逃避方式。第三個選擇是猶太復興的錫安主義（Zionism），建立一個以猶太人爲多數民族的國家。

你反對猶太復興主義嗎？

我對它不感興趣。我的興趣在於全球人類的狀況。但我從未積極反對這項主義。我自覺身爲猶太人，除非我成爲它的市民，否則我無權反對以色列國。我深信，如果我成爲它的市民，我會和許多以色列人一樣，對他們的國家也會有所不滿。事情就是這樣，我自動棄權，也算是逃避現實吧。

最近，我拜訪了以色列，發現我完全支持拉賓（Rabin）與裴瑞斯（Peres）所推動的中東和平目標。唯一的困難是他們選擇的和談對象不對。阿拉法特願意謀求和平的原因是因爲他已失去大部分阿拉伯人的支持。我認爲除非哈瑪斯組織（Hamas）也能加入和談，否則中東和平永遠只能成爲奢望。我和裴瑞斯會面時，曾告訴他我在波蘭尚未和解、團結工會也尚未上台時，曾和賈魯塞斯基見過面的事。賈魯塞斯基告訴我，他願意和任何人謀和，就是不願和團結工會打交道。他說團結工會是國家的叛徒，他不屑與他們往來。我告訴他他的想法犯了很大的錯誤，因爲團結工會的領袖不是叛徒而是愛國者，他主張社會福利，雖說如此可能破壞工會的權力基礎，但他們還是願意與政府和解。工會的權力基礎來自重工業，在實施經濟改革時將面臨摧毀。就我所知，我的論點令賈魯塞斯基印象深刻。不過，我無法如此告訴裴瑞斯，因爲團結工會是比哈瑪斯組織來得好的夥伴。

你的猶太血統使你對所有形成的民族情緒都心存懷疑？

我並不反對民族情緒，只是不贊成民族主義論調中的「無論對錯，它都是我的國家」這個觀點。順便提一下，這種態度是海外猶太人較會有的特色。海外猶太人在愛爾蘭、希臘、或波羅的海國家製造了許多不幸，遑論以色列。我個人認爲民族情緒或種族認同在開放社會是彌足珍貴之物，也是社會多元化樂見的景象。

你如何看待你自己的猶太身分？

我以身為猶太人為傲——雖說我必須承認是竭盡此生才做到了這點。猶太人並無自尊可言，這是所有同化主義猶太人的痛苦根源。而此沈重包袱一直到我自認是名成功人物時，才能夠拋卻。我認同自己是少數民族中的猶太人，我也相信猶太人很有天賦這回事。只要看看猶太人在藝術、科學、經濟方面的成就就不容置疑。這些都是猶太人試圖超越他們少數民族地位所做的努力。

猶太人學會從許多不同觀點去看待一個問題，即使再矛盾的問題也是如此。身為少數民族的猶太人，他們得被迫從事批評性的思考。如果說我也擁有一分猶太天賦，充其量也就是這分批評思考能力。就這點而言，猶太血統成了我個性的基本元素，如我所說我對此深以為傲。

我還知道，我的思想中同時也存在猶太烏托邦主義。我的基金會使我成為這項傳統的一部分。這也是為何歐洲共同體的觀念讓我如此振奮的原因。在那裡，所有的國家都成爲少數民族，而這也是歐洲共同體觀念如此迷人之處。

人總是喜歡以個人爲出發點去設想整個世界。大多數人的原則來自於他們個人的經驗，我也不例外。因此，我對你提出的我的觀點是否與我的猶太傳統有關，我的答案是肯定的。這有不對之處嗎？

在東歐，這的確會使人對你產生敵意。

那倒是眞的。但我相信開放社會的觀念能否被接受全然是因爲它自身的優點。猶太人並非唯一的少數民族，在大多數的社會中，如果少數民族能爲他們的意見據理力爭，少數人的意見還是能在多數人中構成影響力。

你如何回應來自東歐的反猶太攻擊？

你不能與反猶太主義正面衝突，你也無法以禁止的方式使它消失，這樣，你只是將它逼爲地下組織。解決它的最好途徑是經由教育的潛移默化。反猶太主義是無知者的慰藉，但如果你將它攤開在陽光下，它反而會乾枯死亡。法官布蘭迪斯說得好，「陽光是最好的殺菌劑」。匈牙利的情形正是如此。曾有一個極右派組織攻擊我的基金會和我，指控我們散播「非匈牙利」主義。他們提出他們的主義，但這正是他們的錯誤所在。因爲經過輿論的檢視，他們主義所欠缺的，結果使得他們的主義無法成爲國會提案。

這些攻擊是否曾觸怒你？

從未。我不會把它當成個人的人身攻擊。我很高興能和他們面對面相抗衡，我把它看成是驅邪術的一種。

這種感覺和金融市場帶給我的一種神秘的困擾感相同。金融市場的運作方式確實充滿神秘，甚至我也無法完全了解。我現在知道過去我一直不清楚我的影響力。我舉個例子說明，當義大利連鎖飯店CIGA破產時，我們曾參與競標，結果希爾頓得標。但是希爾頓也未取得控制權，因爲飯店股東根據如果我索羅斯要公司，他們也要公司的理論，認購了新股。我想從那時起，我們的名聲開始走下坡。我要說的是我在金融市場的影響力並非完全來自想像，相反地，它被視爲是煉金術。而煉金術又助長了他們腦子裏的陰謀論。東歐記者捏造事實的本事絕對超乎你的想像。他們早已擅長牽強附會，根本無從與他們爭辯眞相。

媒體可能是對你的動機起疑。他們就是無法相信你的所做所為都是以利他為出發點。這在人類經驗中幾乎是破天荒的。他們會認為你一定笑裡藏刀，而媒體迫不及待想知道你真正的動機。

我不怪他們。換做我，也會起疑。我發現自己處於一個奇特的處境。事實是我擁有很大的權力，尤其是在我設置基金會的國家內。直到最近，我和馬其頓總理塞凡柯夫斯基談話時，我才發現原因何在。有人說，國家只有利益並無原則，政治人物也是。但是對我這樣的人，情況適得其反，我只有原則而不計較利益。這是我擁有權力的原因。這對一個股市炒作者而言是一個相當奇特的處境，也相當令人心滿意足。就算是給我全世界，我也不會用它交換。但我不能期待媒體和我心境相同，因爲就連我自己也是最近才明白此點。

我不想標榜自己是名利他主義者，我不相信人眞能完全毫無私念去做任何事。

我碰巧有此能力，因爲我賺得的金錢超出我的需求很多。如果我不是這麼富有，我不可能成爲慈善家。我得再次提醒你們，我是致富後才開始行善。這是複利魔術的結果。只要你連續廿五年每年獲利三至四成，就算當年你的投資極小，最後也會變得富甲一方。所以我所累積的財富眞是多得驚人。而我和其他富翁的不同點，在於我眞正感興趣的是我的主張，更何況，我沒有什麼地方需要花錢。但是，我實在不願去想像我沒有致富的景象，那會使我的主張完全喪失影響力。

人人都把注意力集中在你的基金會上。除了基金會，你是否還從事其他慈善事業？你贊助藝術組織嗎？什麼是你不直接參與的原因？

很少。我的基金會贊助其他和我們目標類似的基金會，但我將我的贊助侷限在我自己的基金會上。事實上，我對此點相當堅持，因爲只要此例一開，就沒完沒了。舉例說，我不做大學捐款，也不贊助歌劇或是交響樂團。

物質享受從未能帶給你太大快樂，你從不做任何收藏。

我不做收藏這種事，我發現它和我的天性背道而馳，因爲收藏很具象，而我的心靈是很抽象的。那不光是去買畫或買酒送入酒窖，這還包括你得去牢記它們的名字，我覺得那是很累人的事。

你對金錢的看法十分有趣。有次你曾告訴我，我有賺錢腦子，但我似乎不想賺大錢。你指的是什麼？

經商並不複雜。中等智慧的人就能過衣食不愁的生活。但眞正聰明的人才能累積大財富，如果他們想要的話。你的問題在於你只做你感興趣的事。想發財就不能考慮所做的事爲何，只能死守底線，整天只能想著要賺錢這一件事。如果這代表他得多設幾個擦鞋攤，那他就得立刻採取行動。

那麼，何者才能帶給你真正的快樂？

學生時代時，我曾讀過一本名爲「觀念冒險」的書。我想作者是艾佛瑞・諾斯・懷海德（譯註：英國哲學家）。我要說的是觀念的冒險能夠深深吸引我。基本上，思考是我生活的重心。我是一個相當喜歡思考的人。我喜歡去了解事物，年輕時就喜歡做些哲學推論。我浪費了許多年輕時光在某些觀念上，後來我發現從行動中學習要比從思考中來得迅速。於是我變成行動思想家，我的思考在我採取行動上扮演重要角色，而我的思考也因我的行動而有所進步。思考與行動的雙向作用日後同時成爲我哲學以及生活的印記。

億萬富翁的實質利益何在？

可能最實際的利益是我打了一場很好的網球賽。當然它還有其他好處。我可以四處去見一些有趣的人，再高階層的人都有可能和他們見上一面，雖說我現在常忙得分身乏術，但還是有幸能在數個有趣的場合露面。你可以說我是歷史狂，因爲我眞的希望能改變歷史。有趣的是，我的這個毛病開始痊癒了。早年，我會千方百計設法造成影響力，感受自己的重要。但當我有影響力時，我卻又變得有所保留，儘量設法不讓他人感受到我的影響力。

我想這讓我變得更引人注目。因爲我不會再強出頭。我會保持距離。不會強迫別人接受我的意見，而是在他人問我意見時，才會把我的想法示人。毫無疑問地，在歷史舞台上扮演一名演員仍是我樂此不疲的事，但我已不再追求一定必須是舉足輕重的角色。

你如何看待你在歷史中的地位？

值得懷疑。不錯，我在理財上擁有一席之地，且無論如何都不可能喪失這項地位，同時我也透過基金會，在一些國家呼風喚雨，但我的觀念是否眞的傳揚出去、它們是否眞的有效才是我眞正關心的事。但這些直到現在我仍未找到答案。同樣的一套觀念讓我賺了大錢，而我也知道如何將它傳授給別人。它對我行得通，但不見得對全人類都管用。

就某些方面而言，我算特例。我因錢多得花不完，所以我不受制於地心引力：能夠以我的金錢爲後盾去支持我的抽象原則。但我不能期待他人也能追隨我的足跡。我是在致富後才如此做，如果我早先去支持這些原則，可能今天我無法如此富有。這也是開放社會成爲政策目標令我憂心之處。人類眞的有能力去爭取它嗎？

你能。你的地位是獨一無二的，它可以成為你在歷史中所扮演的角色。

我也這樣想。我對這個想法感到很愉快。我的困難在於如何從個人走向全人類。抽象觀念對我意義重大，其中摻雜許多的個人情感與經驗。但它對其他人是否也具有相同意義？我懷疑。不過要是人類普遍認爲開放社會不是一個值得努力的目標，我們的世界制度又如何生存？這是世界所面臨的問題，但我不知如何作答。這也是我進退維谷之處，而我相信這也是我們所有人感到棘手的地方。

世界問題的複雜性是否曾讓你心灰意冷？

當然有過。你知道，人的能力有限。我生命前六十年都被我用來對付外在的障礙。但在我享有權力與影響力後，我愈來愈發現內在能力的不足。情緒化就是缺陷之一。當我遭遇到較龐大的人類問題時，如波士尼亞與車臣問題，我變得有些習以爲常。我不願這樣承認，但它的發生更讓我警覺到我智力的有限。我一直認爲我必須協助解決世界問題，因爲它是一項積極的貢獻。我知道有些問題並無答案，但我自認可以爲這個世界帶來一些眞知灼見。我現在還是這樣想，只是偶爾會覺得困惑。最後我發現這個世界的問題、世界秩序的問題，以及聯合國的改革是無解的習題。

你現在比較專注於地緣政治問題，是否有時會覺得在細節上失去了敏感度？

不見得，不過我的記憶力確實不復以往。這是年紀大的好處之一。許多人擔心喪失記憶，這令他們十分焦慮，但我絲毫不以爲意。首先，我有助手幫我去記憶一些事，其次，有人會認爲我的腦子應有更重要的事情要想，而不是去記憶一些人事物。失去記憶只有在你擔心失去它時才會成爲問題。無論如何，我的腦子對當今的一些觀念，以及它們的歷史淵源仍是如數家珍。

喬治，你一直都像在做長途飄泊旅行，你是否曾想過你還有多少路要走？

青少年時，我確實曾有過類似超人的幻想，也常談些和神、救世主相當的理想抱負。但當我愈靠近完成的終點時，就愈察覺自己只是個凡人。雖說大多數時只是野心，但我仍會爲我已完成的成就感到訝異，尤其是在慈善工作方面。當我四處旅行目睹結果後，我發現它們眞的令人敬佩，並且欣喜萬分。

你如何看待你的公衆人物形象，和別人如何看你一樣嗎？

那不是我，我了解自身的地位且試著不負衆望，但這和我自己如何看待自己並不相同。我對自己的了解和別人相去不遠。但我知道一件事，雖說我知道那個公衆人物不是眞正的我，而是外在的我，但它確實對我構成影響。我因它而有所改變。眞正的我和公衆的我彼此相互產生雙向與反射作用後，我自己在塑造我的人格面具上也扮演了角色，當然，我的人格面具也塑造了我。

我清楚它如何影響我這個人，但我必須強調，整體來說，好處多於缺點。眞正的我變成一個更快樂、更好、更和諧、更能知足的人。換言之，我眞的喜歡我的人格面具。它是我的產物，而我以它自豪。這和我的事業如日中天時我對自己的感覺完全不同。因某種原因，過去我常以自己爲恥，但現在已不再做如是想。過去我也常覺得與世隔絕，現在卻覺得十分投入。所以，總而言之，公衆人物的角色使我成爲一個更快樂的個人。

我對個人的這種觀念十分好奇，似乎許多帶給你快樂的事物都是你的個人經驗。你曾從其他人身上獲得快樂嗎？從你的家人或朋友那兒。

是的，但我必須承認我是嚴以律己的嚴厲批評家。我對自己的期許也比其他人對我的意見來得重要。我認爲感激和奉承是讓人尷尬的事。不過，我對自己也十分滿意，現在也能接受別人對我的讚美。有時候，我也能從別人對我的好感中獲得很大的滿足。由於我的願望完成了大半，現在我也較有時間與家人和朋友相處。

運動對你也很重要——滑雪、網球等等。你希望你能有更多的時間從事這些運動嗎？

不。我想我花在運動上的時間已夠多了。現在我的運動能力相當有限。我還是固定打網球。以前我喜歡滑雪，現在覺得太耗費體力。所以我想只就我的能力去運動。我覺得我不太想再進一步回答這些私人問題。

因爲我已在我這個人身上付出了太多注意力。我對我自己相當感興趣，也可以一直談下去，因爲我父母之間的衝突一直到他們死後仍能不斷影響我的這件事，使我對自己產生極濃厚的興趣。但是這種以自己爲主的習慣也開始對我產生不良的副作用。問題發生了，無論是我或與我合作的人的心中，都會懷疑我的基金會或是我的所做所爲是否只是爲了自我膨脹。這是很嚴重的問題。就算是只有我自己崇拜我自己，也不能免於搞個人崇拜的指控。我認爲我已到必須壓抑自我表現欲的地步。這本書將是最後一次像這樣談論我這個人。但我希望這回我眞的是下定決心了。

附錄　喬治・索羅斯作品選

開放社會與封閉社會

本章摘選自作者未出版的手稿「意識的包袱」(The Burden of Consciousness)。此稿完成於一九六二年,並在一九九〇年收錄於「擁護民主」一書中。本書特別加以摘錄是因它能協助闡釋開放社會概念。開放與封閉社會的差距將能因此章獲得更進一步的說明,而開放社會相對於封閉社會的優點也能更加彰顯。我將在本章說明開放與封閉社會的架構;換言之,它是人類在這一刻歷史中所面對的選擇。

構造物因屬於反射現象,可分爲兩個層面。一是人類的思想方式,一是事物的眞相。兩種層面以反射方式相互作用,思想方式影響事物的眞實狀態,反之亦然,同時兩者從無一致的時候。我必須說明這些模式的建立本身有其瑕疵,但這些瑕疵與狀況的扭曲並不相等。這些模式是理論的構造物,而非歷史的構造物,但他們所形容的狀態經不起時間考驗，而是漸進式的。這其中還涉及一個學習或遺忘的過程，只是從未受到重視。我選擇的解決方法是將何者是純粹、原始的不變性（有機體社會（Organic Society）以及傳統的思考模式），以及何者是在演進過程中被強加入的不變性（封閉社會以及教條式思考模式）加以區分。

改變是一種抽象過程，它無法自己存在，但永遠會與一種改變中或是受制於改變的實體結合在一起。當然，我們所說的實體也是一種抽象名稱，無法獨立存在。唯一眞正存在的是實體兼作改變。而實體兼作改變被人類以思考劃分爲實體與改變，以便能在亂世中導入一些理性。現在我們關心的不是發生在現實中的改變，而是視改變本身爲一種觀念來加以討論。

將改變視爲是一種觀念重點的原因，在於它涉及抽象思考。察覺改變與抽象思考的方式有關。換句話說，若我們並未察覺改變，就表示其中並無抽象思考參與。據此，我們可以建立出兩種不同的思考模式。

無改變發生時，我們的大腦只需面對一種情境，即現在所發生的事。過去和未來發生的事和現在將無二致。過去、現在和未來形成一種一致性，而可能性的範疇也被縮減成只有一種具體狀況。事情就是如此，因爲不可能有其他狀況。這項原則大大地簡化了思考的工作；大腦只需隨著具體的資訊運作，而所有因抽象思考所引起的複雜情況也都可以避開。我稱此爲傳統思考模式。

現在，讓我們來看看這個千變萬化的世界。人類必須學習不單是從事物現在的狀況去了解一件事，還必須將它的過去、未來列入考慮。換句話說，要考慮的不只是現在，還須顧及到無窮盡的可能。那麼該如何將無窮盡的可能納入掌控中？此時就得運用通則、二分法、或其他抽象思考方式。談到通則，當它愈能放諸四海皆準時，就愈能將事物簡單化。我們把世界看成是一般的等式，而現在是由特定的一組常態所組成。改變常態和相同的等式仍可應用於過去與未來狀態。當我們在使用這種等式時，必須已準備好來接受任何一組與上述情況相符的常態。換句話說，任何事都被認爲是可能的，除非被證明不可能。我稱此爲批判思考模式。

傳統與批判思考模式是根據兩種對立的原則而來，但又各自代表對現實的一種內在一致看法。這怎麼可能呢？當我們對觀點曲解時就是這種狀況。但是如果曲解適用於相同的一種情境時，曲解的程度就不見得太大，因爲根據反射論，情境注定會受主導思考模式影響。傳統的思考模式與我所謂的有機體社會有關，而批判思考模式則與開放社會有關。這兩個模式成為我建立理論模式的起點。

傳統思考模式

事情就是如此——因為事實上，不可能有其他狀況可被視為傳統思考模式的中心教義。它的邏輯並不完美，它包含的固定瑕疵就像我們將在我們的模式中發現的瑕疵一樣。它既不眞實也不合邏輯的事實，顯現出傳統思考模式的一大特徵：既不像我們最初所認為的那樣具有批判性亦不合於邏輯。它也不須如此。邏輯和其他形式的辯論唯有在我們做選擇時才會派得上用場。

欠缺選擇是缺乏變化社會的特色。此時大腦只需應付一種情境：事情就是這樣。雖說人還是可以去想像選擇，但因其間並無道路相通，想像的選擇看起來就好像是童話故事一般。此時，最適當的態度就是接受事實。懷疑與批判的範圍相當有限，思考的主要工作變成不去爭辯，而是順應既有狀況——這項工作只要運用最呆板的通則就能執行。這讓人類省卻許多麻煩，卻也同時剝奪了人類較複雜的思想工具。他們對世界的觀點註定是原始且曲解的。

從認識論的觀點去考慮，優缺點就可以立刻辨別出來。思考與現實的關係不再以問題的關係呈現，也不再有觀念或眞相世界之分。更重要的是，思想也不再有主觀或個人這回事，因爲它來自於代代相傳的傳統。不會有人質疑它的有效性，主導觀念也被視爲現實本身，或更明確地說，觀念與現實間的界限根本不存在。

以語言的使用方式爲例，我們賦予事物名稱就像是在它身上貼標籤。當我們是以具體名詞思考時，就會有一個具體事物與名字相等，而我們可以交替使用名稱與事物，思考和現實此時是共同擴展的。唯有在我們思考抽象名詞時，我們才是在設法爲無法獨立存在的事物命名。我們可能仍覺得我們是在給事物貼標籤，但這些事物是靠我們賦予它們標籤，它們才存在，這些標籤是附在我們大腦所創造的事物上，而這也是思想與現實的差別所在。

在將思考侷限於具體用語時，傳統思考模式同時避開思想與現實的差別。但傳統思考模式同時也爲它的極度單純化付出偌大的代價。如果思想與現實間無區隔時，人又如何辨別眞僞？唯一會遭到排斥的是那些與主導傳統不一致的論述。

傳統觀念一定會自動被接受，因爲並無可以用來拒絕它的標準。事情發生的情況，就是事情本來會發生的情況；傳統思考模式不可能再往下做更深入的探討，它不可能在不同的事件中建立因果關係，因爲它必然將會產生眞假之分；如果他們是假的，就會產生一個和我們思想不一樣的現實，而傳統思考模式的基礎也將破壞無遺。不過如果思想與現實被視爲是相同之物，凡事就必須提供解釋。有問題的存在而無解答將會摧毀思想與現實的一致性，因爲光是答案就有對錯之分。

所幸人類有可能不仰賴因果關係法，就能解釋發生在全世界的事；也就是萬事萬物都是根據自然運作。既然其中並無自然與超自然之分，所有問題都可藉由賦予所有事物一個神祇而獲得解決。這個神祇能解釋所有發生的現象，並去除所有可能出現的內在矛盾。大多數的人似乎都能接受這種神祇力量的指揮，這是因爲當因果關係定律不存在時，大多數的行爲本就有武斷的特質存在。

當思想與現實不分時，就會有一個思想與現實也不分的解釋產生，無論它是來自觀察或是無理性的信仰。樹神和樹一樣眞實，只要我們相信它的話。我們也無懷疑信仰的必要，因爲我們的祖先相信它們。就是以這樣的方式，傳統思考模式能夠以它簡單的知識論，輕易就轉變成信仰，雖說它可能與現實完全脫節。

相信神祇以及它們的魔力就等於是接受我們周遭完全不在我們掌控之中的事實。這種態度十分適合無變化的社會。既然人無力改變他們生活的世界，他們能做的事就是默認他們的命運。以卑微之心接受神祇權威，就能取悅祂們；而深入探求宇宙奧秘也毫無用處，因爲就算人類眞的發現某種現象的原因，這項知識也無法帶來實質利益，除非他們相信他們能改變生存狀態，而這是完全無法想像的事。提出問題的動機如今只剩下無用的好奇心；而若有任何喜好也會因爲怕觸怒神祇而打消念頭。就這樣，找尋因果關係的解釋從人的思想中消失。

在沒有變化的社會中，人不去區分社會狀態與自然現象的不同，一切都由傳統決定，而就和人無力改變他的周遭一樣，在改變社會狀態上也無能爲力。傳統思考模式並無辨別社會與自然法則的能力，就像人必須屈從於自然和社會狀態。

我們已知道傳統思考模式無法辨別思想與現實的眞僞及社會和自然法則之間的差距。如果我們進一步討論，還會發現更多的遺漏之處。例如，傳統思考模式在時間觀念上相當模糊，常把現在、過去、未來扯在一起。但是時間的分別對我們而言是不可或缺的。若是從我們的觀點去看傳統思考模式，我們會覺得它有所不足；但若是傳統思考模式是當時的主導模式，情形就截然不同。在一個口述傳統的社會裏，它照樣能完美地達成它的功能：具有所有必要的具體資訊，但避免不必要的複雜。它代表用來應付最簡單世界的一種最簡單的方式。它最大的缺點不在於它太過簡單，而是它的具體資訊因過於低等以致無法從另一個角度去思想。這對我們而言相當明顯，而這要拜我們有高等知識之賜。

傳統思考模式不會對以傳統爲知識的人造成困擾，但是它的確會讓整個架構在面對外在影響力時，變得異常脆弱。只要有一個對立的思想體系出現，既有信仰的專制地位就會受到動搖，且強迫既有信仰接受批判檢視。這時也代表傳統思考模式形將結束，批判思考模式就要於焉開始。

以醫藥爲例，土著的巫醫對人體功能完全不了解，只是一些長期經驗教導他們一些有用的治療方法，就這樣誤打誤撞，就算未對症，但只要下對了藥仍能救人。不過，族人奉他如神明，而所有的醫療失誤都是邪靈惡魔作祟。但當現代醫學與原始醫術面對面時，正確醫療的優勢就變得十分明顯。就算土著再不情願，最後仍不得不接受治療效果較好的白人的醫學。

傳統思考模式還可能與它自己形成的難題相對立。正如我們所知，其實傳統思考的主導信仰大部分是錯誤的，而就算是在一個簡單且不變的社會中，還是會有必須加以解釋的不尋常事物。新解釋可能否定舊觀念，而兩者衝突嚴重時就有可能讓傳統世界的簡單架構就地瓦解。不過，傳統思考模式也不會每在生存環境遭改變時就崩潰。只要不受選擇的威脅，傳統所包含的彈性仍是相當大。它涵蓋所有的主導解釋。只要新解釋成爲主導力量，它會自動成爲傳統，且因傳統思考模式的時間觀念模糊，新解釋的存在會變得好像自古以來就是主導解釋。就這樣，就算是一個不斷變化的世界,在一個相當寬廣的限度內,看起來也像是一成不變。譬如，新幾內亞的原始民族，就採用貨物膜拜儀式來適應文化的侵入。

傳統信仰在面對現代觀念時，仍有可能處於強勢，尤其是背後有高壓制度撐腰時。不過此時思考模式就不能再被稱爲原始傳統模式，與事情一定會和過去一樣是不同的兩回事。爲支持這項理論，我們必須正確說明它的一個觀點。傳統可用來作爲某事物是否合格的試金石，但它就不再是唯一知識來源的傳統思考模式。爲區別假傳統與原始傳統，我稱它爲「教條思考模式」，這點我將另外討論。

有機體社會

就如我們所知，傳統思考模式並不知道社會與自然法則的不同：社會架構就和其他人類環境一樣，是無法加以改變的。因此，缺乏改變社會的出發點永遠是社會整體而不是組成社會的個人。也就是說，雖說社會決定它成員的生存，但生活於社會中的人對決定社會本質一事卻毫無發言權。這是傳統訂定的規則。不過，這並不代表個人利益一定會與社會整體的利益產生衝突，或者是犧牲者永遠是個人。

在缺乏變化的社會中，個人是不存在的；還有，社會整體並不是相對於個人的一個抽象觀念，而是一個包含所有成員的具體整體。社會整體與個人的二分法，就和其他許多名詞一樣，是我們習慣使用抽象名詞後的結果。爲了解缺乏變化社會特色的整體性，我們必須揚棄我們慣有思考習慣，尤其是我們腦中的個人觀念。

個人是一個抽象觀念，且因它是抽象觀念，因此在不變社會並無一席之地。社會有成員，其中的每個人都有思考與感覺能力。但是，他們並非生來類似，而是根據生活狀況的不同而有所不同。個人是個抽象名詞因此並不存在，但社會整體卻不是抽象名詞而是具體事實。缺乏變化社會的整體性可與有機體社會的整體性相比擬，缺乏變化社會的成員有如活體的器官，他們不可能生存於社會之外，而在其中他們只能得到一個位置：即他們所占領的位置。

他們的功能決定他們的權利與責任。農夫與教士地位的截然不同就像肚皮與大腦迥異一樣。人確實有思考與感覺的能力，但因他們在社會的位置是固定的，整個的網路作用就如他們毫無意識一般。

「有機體社會」一詞只適用於無類比的社會。一旦類比發生時，有機體社會就會土崩瓦解。梅南紐斯・阿古利巴（Menenius Agrippa）認為有必要提出此點，因它代表既有秩序出了問題。

有機體社會的整體性會阻隔另一種整體性的存在。既然傳統思考模式毫不運用抽象觀念，因此任何關係都是具體且特定的。人生而類似以及天賦人權是另一個世代的觀念。純粹就人類而言，並無所謂的天賦人權這件事，從法律觀點來看，奴隸和動產並無不同。特權隸屬於地位而非個人。舉例來說，在封建社會，土地比地主來得重要；後者是因擁有土地而能享有特權。

權力與頭銜可以世襲，但這並不意謂可以將它們轉變成私人財產。我們可能認為私人財產是十分具體的事物，其實正好相反。將一種關係區分成權利與職責已是一種抽象過程；從它的具體方面去看，則應該是兩者兼具。

而私人財產的觀念還可以延伸到更遠；它可以代表無義務的絕對擁有。但是這和有機體社會的原則相違背，在有機體的社會中，擁有任何財產都有相對的義務。有機體社會不可能存在私人所有權，因為它將產生資本的累積，形成醞釀改變的源頭。相反地，共同所有權則能確保產物不會獲得改善，因為每當有人投資時間、精力後，他一個人承擔了所有成本，卻只能取得一部分的利益，當然不會有人願意去做。所以，將公地圈作私地的行動代表現代農業的開端。

有機體社會也不承認司法是一項抽象原則。司法是具體權利與義務的集合名詞。話雖如此，法律管理仍涉及某種準則。除非它是一個有如死亡般地缺乏變化的社會，否則或多或少會與前例不同，此時就須修正前例以適應新例。由於其中並不涉及抽象原則，結果如何端視法官執行而定。新裁決會有與前例矛盾的時候，幸而這並不代表一定造成困擾，因爲新裁決本身立刻可成爲後來裁決的前例。

相對於立法法令的普通法就是由此而來。它是根據過去的裁決仍能無限期適用的假設而存在。這項假設是錯誤的，但是因它相當有用，以至於在有機體社會已不再是有機體社會時，它仍可以成爲主導法令。司法要有效管理須事先告知規則，但因人類知識不完全，立法自然也無法預見所有變故，因此前例有必要存在，以輔助法令的不足。普通法可與立法法令並轡而行，雖說普通法的背後是不變的假設，且它可在毫無察覺的情況下因環境的變化而做調整。有機體社會不可能在規則成爲法典時仍能存活，因爲它將失去彈性。一旦規則成爲法典，不變的外表就無法維持，有機體社會也會解體。幸而只要有機體社會不面臨選擇的威脅、法典的制定、合約關係，或是以永恆方式紀錄傳統的需要，就不會成爲迫切需求。

有機體社會的整體性代表它的成員別無選擇而只能附屬於它。但若更深一層探討，也可說是他們除了附屬於它外別無其他欲望，因爲他們的利益和社會的利益一致，他們認同於社會。整體性並不是當局聲稱的一項原則，而是所有參與者接受的一項事實。其中並不涉及重大犧牲。一個人在社會的位置可能繁重或毫無尊嚴，但那是他唯一擁有的；沒有它，人在這個世界上就沒有任何位置。

不過，總是會有人不願順從主導思考模式。此時，如何應付這種人將是社會適應性的最大考驗。壓抑只會招來反效果，因它只會引爆衝突且可能鼓舞另一種思考模式的誕生。容忍加上不相信可能是此時最有效的解決方法。面對不同思想的人，最好的方式就是視之爲瘋狂，而原始社會的一大特色就是他們特別能容忍心智受苦的人。

只有在傳統關係已有相當程度的鬆綁，才能讓人靠他們自己的努力，在社會中改變他們的相對地位，此時他們也會尋求將他們個人的利益與整體利益分開。當它發生時，有機體社會的整體性也會支離破碎，每個人開始追逐他自己的利益。

傳統關係在此情況下仍有可能牢不可破，但只有在高壓制度下才可能維繫得住。如此一來，它已不是眞正的有機體社會，它靠人爲因素維持不變，一如蘇聯制度。它的區別與傳統及教條式思考模式相同，爲強調此點，我稱它爲封閉社會。

批判思考模式

抽象名詞

只要人類相信世界不變，就能滿足於他們對世界的觀點是唯一有效觀點的信念。傳統無論如何脫離現實，還是能提供指導，而思考的需求也從未超越具體狀況的範疇。然而在多變的世界中，現在並不是只會盲目地重複過去。人類面對的是無盡的可能，而不是只有傳統限定下的固定道路。爲避免世界大亂而引進秩序時，就必須訴諸簡單化、準則、抽象名詞、因果關係法，以及所有其他的心智協助，才能達到最後的目的。

雖說過程本身能協助解決問題，但它同時也會製造問題。抽象名詞能夠給予現實不同的詮釋。既然它們只是現實的不同層面，一種詮釋就無法將其他詮釋排除在外，我們發現所有狀態都有不同層面。如果這個抽象思考的特徵能充分被了解，抽象名詞製造的問題就會減少。

人類將會知道他們面對的狀況實際上是被簡化的表象，而不是狀態本身。不過，即使人人對現代語言、哲學都瞭若指掌，問題也不會消失，因爲抽象名詞本身就扮演著雙重角色。就它和它所形容事物的關係而言，它是事實的層面，只是這個層面無法自己具體存在而已。舉例來說，地心引力不會讓蘋果掉落到地面，它只是用來解釋有此一股力量的抽象名詞。

至於抽象名詞在它與使用它的人類之間所扮演的角色，則有如事實的一部分，抽象名詞可以影響態度與行動，使它們成爲事件的重大影響力。舉例來說，地心引力的發現改變了人類的行爲。當人類思考他們的狀態時，抽象名詞的兩個角色會同時加入作用，情況也就變成反射。我們不是在思想與現實間畫上楚河漢界，而是將抽象思考誕生的無限詮釋加入到多變世界的無窮變化內。

抽象思考常會誕生出與眞實世界相對立的範疇，如時間相對於空間，社會相對於個人，物質相對於理想就是典型的二分法。我此刻所談的模式更不用說也是屬於此類。這些範疇是由抽象名詞賦予它們眞實感，也就是說，它們最初只是代表現實的簡化或曲解，但透過它們對人類思考的影響，有可能在眞實世界產生分化或對立。它們讓現實更加複雜，從而也使得抽象名詞更加有存在的必要。就這樣，抽象名詞的過程得以自給自足，多變世界的複雜性，無論到何種程度，都來自於人類自己的思考。

既然抽象名詞會使現實更複雜化，爲何人類還是一定要使用它？答案是，他們已盡可能避免使用抽象名詞。只要世界能被視作不變，他們亦樂於不使用任何抽象名詞。即使是在抽象名詞變得不可或缺時，他們仍寧可將它視作現實的一部分，而不是他們思想的產物。唯有痛苦的經驗會驅使他們去區分他們的思想與現實。

使用抽象名詞時，人類常傾向於忽視伴隨它而來的複雜性，這點必須被視爲是批判思考模式的一個缺點。抽象名詞是批判思考模式不可缺少的一部分，而當我們對抽象名詞愈不了解時，就愈容易產生更大的混亂。

儘管它有缺點，抽象名詞仍是相當好用。它確實會製造新問題，但我們也會再次努力去解決這些新問題，直到窮思竭慮爲止。多變的世界並不提供確定，但是以它較不完美的方式，思考提供了更有價值的知識。抽象名詞能產生無窮盡的觀點，只要有一個相當有效的方式可以提供人類做選擇，批判思考模式應比傳統模式更接近眞實，因爲在傳統模式中，只有一種詮釋可供使用。

批判過程

因此，在抉擇中做選擇是批判思考模式的主要功能。這項工作又是如何執行？首先，既然思想與現實存在分歧，在某一特定情況下，一套解釋有可能比另一套來得適用，而所有結果也不見得同等有利，所有解釋也不見得同等有效。現實提供了選擇的一個誘因，同時也提供用來判斷抉擇的一個通則。

其次，既然我們對現實的了解並不完整，用來判斷抉擇的通則也就不完全在我們的掌控中。結果是，人類並不見得會做成正確選擇，即使正確了，也不見得人人都願意接受這樣的結果。還有，正確的抉擇只是所有抉擇中較好的選擇，不見得是最佳的解決方案。新觀點或解釋隨時可能出現。但這些新觀點與解釋也一定還是會有缺陷，當缺陷變得明顯時，新觀點與解釋就會遭到唾棄。

所有事物都沒有最後答案，它們都只是與現實愈來愈接近的可能答案而已。而在抉擇中做選擇時，它涉及一種持續的批判檢視過程，而不是固定規則的機械性應用。我談批判思考模式，就是爲了強調這些重點。批判思考模式不應被解釋爲在多變的社會中，人人都保持心靈的開放。有些人可能仍不餘遺力從事某個特定觀點的探討，但是如果他們不了解還有其他選擇的話，他們的研究就徒勞無功。傳統的思考模式是毫無保留地接受解釋，但是在多變的社會中，我們再也無法說「事情就是如此，因爲不可能有其他狀況」。人類必須以不同的論點來支持他們的觀點。否則除了他們自己，他們將無法說服任何人；而毫無條件去相信一個被其他人所屏棄的觀點，是瘋狂的形式之一。即使是那些自認找到最後解答的人，都無可避免會遭遇可能的反對，當他們面對批判時，還是得爲自己辯駁。

批判思考模式不只是一種態度，它同時也是一種主導狀態。它代表一種存在多種詮釋的狀態，而它們的倡議者正設法說服他人接受他們篤信的觀念。

如果傳統思考模式代表一種知識壟斷，批判思考模式應算是一種知識競爭。無論某一特定個人或思想學派抱持何種態度，競爭仍是無所不在。有些對立觀點本來就是短暫性的，很容易引來批判；有些則可能相當教條式，抗拒任何的反對聲浪。除非人能完全理性，我們才會見到所有思考成爲單一一種批判態度的可能，但這與我們的基本前提互相矛盾。

批判態度

我們永遠可以爭論說：批評態度絕對要比武斷態度更適合這個多變世界的狀況。短暫性的意見不見得正確，而武斷的意見也不見得就是錯誤。武斷態度只有在衝突意見發生時，才會失去說服力。此時批判是一種危險，而不是助力。相反地，批判態度則能從批判獲益。此時，觀點將可透過批判獲得修正，直到再也沒有有效反對出現爲止。而從這帖猛藥產生的觀點，可能比最初的提議更能有效達成目的。基本上批判常令人不愉快且難以接受。而它之所以能被接受，純然是因爲它相當有效率。而人的態度深受批判過程作用好壞的影響。同樣地，批判過程作用的好壞又決定於人的態度。這項循環、反射的關係正是批判思考模式的動力，相對於傳統思考模式的靜態狀態有如天壤之別。

批判過程因何有效?在回答這項問題前，我們必須回想一下早先我提過的接近平衡與極不平衡狀態。如果思想與現實之間存在明顯界線，人類就能在偏見尚未產生影響力前，就發現偏見並加以修正。但是當參與作用變得十分活躍時，究竟它是偏見抑或是趨勢，就變得難以劃分。所以，批判過程因主題和思想目的的不同而有變化。但即使是自然並未劃分界限的領域，也能經由思考加以區分。

科學方法

批判過程在自然科學中扮演的功能最爲顯著。科學方法發展出自然科學中能被所有參與者默然接受的規則與慣例。這些規則發現:任何人，無論他多麼有天分或誠實,對事物都不具有完全了解的能力,所有理論都需經過科學界的批判檢視。而且無論這個人與人之間的過程最後產生什麼成果，這項成果都可望達到某種程度的客觀性，而這並不是個別思考者所能做到的。

科學家之所以能夠採取全然的批判態度，並不是因爲他比一般人來得理性或更能容忍批判的存在，而是因爲科學批判比其他形式的批判更不容忽視，他們的態度比較算是批判過程的結果，而不是批判過程的原因。科學批判的有效性是因爲它是許多事實結合的結果。一方面，自然提供了可以用來評斷理論是否有效的可靠準則；另一方面，又有一種強烈的誘因吸引我們去承認和遵守這些準則——自然是在我們的願望之外獨立運作。如果我們不先去了解自然的運作原則，當然就不知如何去利用自然。

科學知識不只是用來說明眞理，它同時可以協助我們生活。儘管伽利略經由實驗證明地球是圓的，但仍有人寧可相信地球是方的。我們無法反駁伽利略的理論，是因爲我們在美國發現了金、銀，這些實際結果並不是科學研究所能預見的。事實上，如果科學研究的目的被定位在純粹的實際目標上，人類可能永遠都無法獲得研究結果。但是這些實驗結果是科學方法的至高證明：我們都知道有現實的存在，但人類對它的認知並不完整，如此一來，科學才能照樣揭露存在於事實中的某個超乎人類想像的層面。

在自然現象的領域外，批判過程就顯得不是如此有效。在形上學、哲學、宗教領域中，並無所謂的通則；在社會科學中，去遵守這些通則的誘因也不強烈。自然在我們的願望之外獨立運作，社會則受相關理論的影響。在自然科學中，理論講求眞實與有效；但社會科學並不如此。但其中有一捷徑，人能隨理論的不同而搖擺。遵守科學慣例的力量通常比較不具強迫性，但人際間的批判過程卻是令人難以忍受。因此，試圖改變社會的理論時常會以科學僞裝，一方面既可利用科學的名氣，但同時又不需遵從科學的慣例。

批判過程並不提供保障，爲了某種目的而達成的協議，已經不再像自然科學那樣純粹。理論有兩個判斷通則：眞理與有效。但兩者已不再一致。擅長用科學方法的人建議的補救之道是：以更大的努力去強化自然科學所發展出來的規則。波柏提出的科學統一性主張爲：相同的方法與通則同時可以應用於自然與社會現象。

一如我在「金融煉金術」內說的，我認爲波柏的主張有誤導之嫌。因爲這兩種研究基本上不同。本質上，社會科學的主題屬於反射，而反射會破壞論述與事實的差異，而兩者之間的差異又是自然科學中使得批判過程能夠如此有效的主因。

「社會科學」是一個錯誤的隱喻，稱社會現象研究是一種煉金術要比社會科學來得恰當。因爲社會現象能隨我們的心意改變，但科學物質不能。稱社會科學爲煉金術將比自然科學統一性的主張更能保留批判過程。它同時還將承認眞實與有效的通則並不一致，也可杜絕社會理論盜用科學之名。它同時還將開啓過去被封阻的研究道路，在研究時，主題的差異自然能獲得辯解。社會科學爲了要模仿自然科學，經常顯得太過牽強。

民主

放棄客觀的實例，社會理論從何論斷？企圖解釋社會的科學理論以及其目的在於決定社會本質的政治理論，兩者之間的人爲分際將不復存在，徒留廣大的爭議空間。這些林林總總的觀點，可大概分爲兩大類：其一，爲企圖建構固定模式者；其二則爲主張讓社會成員決定社會組織的形式者。我們既不以討論科學理論爲目的，自然無法以客觀態度決定何者方爲正途。不過，我們仍可看出，後者代表一種批判的態度，前者則非。

定型的社會架構認定社會必須受非由其成員所制定的法律約束；甚者，他們聲稱對此等法律有透徹的了解。這種思想使他們無法接受任何建設性的批判。相反地，他們必須不斷積極地尋找壓制不同觀點的方法，因爲只有在禁止批判及防止新觀念的出現，他們才能被一成不變地接受——簡言之，就是要壓制思考的批判模式及杜絕改變。相對地，如果人們得以自行決定社會組織的問題，解決方案便不見得需爲最後決定：這些方案可以透過同樣的過程予以顚倒。每個人都可以自由表達自己的觀點，如果重要的批判過程能有效運作，則最後留存的觀點大致便可代表所有參與者的最佳利益。這便是民主的原則。

民主要能充分運作，必須具備某些要件。這些要件可與其他突顯科學方法的成功的條件相比較：首先必須有一套可用來評判相互衝突觀念的標準；其次，必須大家都有遵守這套標準的意願。第一個先決條件係依憲章規定以多數決定來擬定，第二個條件則須仰賴大家服膺民主係一種生活方式的信念。光有形形色色的意見並不能成就民主；如果不同的派系各執相反的教條互不相讓，其結果往往不是民主，而是內戰。人民必須堅信民主是一種理念；他們必須把經由憲章所達成的決議，視爲比張揚自己的意見更重要的大事。這項條件只有在民主的確能產生一個較獨裁爲優的社會組織時，才能獲得滿足。

此處出現一個循環的關係：民主只有在發揮效用時，才能成爲理想的體制，民主也只有在被所有成員普遍接納爲共同的理想時，才能發揮效用。這種關係必須透過省思的過程演化，讓民主的成就強化民主乃爲可行的理念，反之亦然。民主決不能透過詔書強制執行。這種關係和科學的神似之處，令人驚奇。客觀的體例與科學方法的效率之間，也有相互依賴的關係存在。科學必須仰仗新發現來打破惡性循環：它們雄辯滔滔地爲自己的立論辯解。同樣地，民主也必須仰仗具體的成就來確保其存在無虞：不斷成長的經濟、智慧與精神的刺激，一個比任何政府體制都能滿足人類需求的政治制度。

民主可以達成上述目標。它允許不完全理論的積極面，亦即所謂創造力的自由發展。我們無從預測可能產生的結果；但這種不可預測的結果或許可爲民主體制提供最佳的證明，就如同它們爲科學所提出的明證一樣。但它無法提供成長的保證，好壞端賴參與者的努力。我們無法預測參與者思考的結果；他們也許會決定繼續努力讓民主成功，也許不會。堅信民主爲可行之理念，是必要的，但卻絕非民主必定存在的充要條件。這種現象的確使得民主的理念變得十分棘手。民主就是無法擔保一定成功，因爲它完全要視參與者是否具有創造活力而定。但是民主若要盛行，卻又必須被視爲一種可行的理念不可。相信民主的人必須對不完全理論的積極面有信心，期待它能產生預期的結果。

追求確定的狀態

把民主視爲政治理想，需要某些條件的配合。除了一些人民的民主權利遭剝削的例子外，民主並不提供一套明確的計畫，或一個明確的目標。一旦人民得以追求其他的目標，他們就得決定自己的目標是什麼，這就是批判性態度無法完全令人滿意之處，它假定人們會自行追求物質上最大的滿足。截至目前爲止，這項假定是不錯的，但卻有不足之處。人類的欲望是超越物質的，不過只有在物質的需要獲得滿足之後才會浮現；然其優先順序往往在狹隘的自我利益之上。其中之一便是創造欲望。現代西方社會對物質財富的追求，就是在物質需求獲得充分滿足之後才展開的，因爲這種追求可以滿足創造的欲望。在其他的社會中，財富的價值排行就比較低，至於創造欲望則另有其他的表達方式。例如東歐對詩歌及哲學的重視，就遠甚於西方國家。

此外，另有一種精神欲望是批判態度難以滿足的：那就是明確狀態的追求。自然科學可以產生明確的結論，因爲它擁有一套客觀的評判標準。社會科學在這方面的基礎比較薄弱，因爲省思過程會使客觀性受到干擾；在我們企圖創立一套可靠的價值體系時，批判的態度便無多大用處。要把一套價值體系建構在個人基礎上，是極爲困難的。一方面，個人受到終極不確定因素，亦即死亡的影響。另一方面，人們同時也就是本身所必須應付之環境的一部分。完全獨立思想的存在，只是一種幻境罷了。外在的影響，無論是家庭、同儕團體或年紀等等的外在影響，遠較我們個人所承認者爲大。但如果我們想避免不平衡，就需要一套價值標準。

若要追求確定的狀態，思考的傳統模式遠較批判模式來得有效。它不在信念和實體環境之間做任何區分：宗教或其原始型態相若的萬物有靈論，都涵蓋了整個思想的範疇，吸引人們虔誠的膜拜。難怪人們渴望太古時期受上蒼祝福、可惜現已失落的樂園。教條式的意識型態誇稱可以滿足這種需求，問題是，他們只有去除相互矛盾的思想之後，才能具備這種能力。這使得他們對民主所構成的危險性，不下於既有邪說對傳統思考模式的戕害。思考的批判模式在其他領域的成功，對減低教條式信仰的重要性有相當的助益。例如，就生命的物質條件來說，由於可能積極地加以改善，因此就具有相當重大的利益。人類的心靈容易專注在可以產生結果的努力上，對性質不明確的問題就刻意加以忽視。這是在西方社會中，商業會較詩歌的發展爲先的主要原因。只要物質發展能夠維持——而且人們也樂於讓這種感覺持續——教條的影響力是可以限制的。

開放社會

完全競爭

一個完全可改變的社會，似乎令人難以想像。當然，社會必須有固定的結構及組織以確保其安定。否則，社會又何以支持文明複雜多變的關係?然而，我們非但可以假定完全可改變社會的存在，而且這種社會已在完全競爭理論中被拿來作爲徹底研究的標的。完全競爭爲經濟單位提供一些僅較實際情境略遜的替代情況。一旦環境出現些微改變，便可隨時更動；同時，它們對目前關係的依賴也被維持在最低的限度內。其結果是，一個可能根本不會改變的完全可改變社會。

我對所謂完全競爭理論壓根兒就不贊同，但我仍要用它作爲開宗明義的論點，原因無他，只因它與完全可改變社會的概念有關。

這項理論假定有爲數頗衆的單位存在著，每個單位都具有完全理論的概念與機動力，有屬於自己的優先順序表，也面臨著各種大小不同的機會。光從表面上觀察，就知道這些假定根本站不住脚。完全理論的不存在，是本研究、也是一般科學方法的基本論點之一。完全機動力會使固定資產和特殊技巧失去作用，而這兩者都是生產資本模式所不可或缺的。經濟學家長久以來不斷容忍這種令人無法接受的假說，無非是因爲這麼做可以產生較爲人所接受的結果。首先，它把經濟學當作是和物理學一樣的一門科學。完全競爭的靜態平衡與牛頓的熱力學之間的相似處，絕非巧合。其次，它證明了完全競爭可將福利擴張到極限的理論。

在現實環境中，只有在新構想、新產品及新偏好促使人們和資本不斷流動的情況下，其條件才堪與完全競爭相比擬。不錯，人們的確不停地在動，但卻是因爲受到較佳機會的吸引，或因與變遷環境脫節的緣故，而且一旦開始活動，總是會投向較具吸引力之機會的懷抱。他們雖然沒有完全理論的概念，但在活動的過程中，卻比那些畢生只知死守同一崗位的人，要了解更多的替代方案。他們會反對接替他們位置的人，但是，如果機會不斷地出現，他們死抱目前環境的抗力就比較不那麼激烈，也比較不容易與處境相似的人結盟或取得奧援。當人們必須經常活動時，他們自然會產生某種調適的能力，當然，這種經常性的異動也會使他們所累積的特殊專長的重要性隨之降低。我們用所謂的「有效機動力」來取代不實際的完全機動力，用思考批判模式來取代完全理論的概念。其結果便出現經濟學所界定的不完全競爭環境，但我把這種現象稱之爲「有效競爭」。和完全競爭不同的是，價値和機會非但不會固定，而且還會不斷地在改變。

如果平衡狀態能夠實現，則有效競爭的條件就無法再適用。每個單位將盤據一個特定的位置，而這個位置將不太可能由他人予以取代，理由很簡單，因爲他會運用一切力量去維護自己的位置。由於他已在這個位置上積聚了特殊的專長，異動將造成他的損失。他同時也會抗拒任何侵犯其地盤的企圖。可能的話，他寧可被裁減報酬也不肯接受異動，特別是異動意味著必須爭奪別人既有的權益時，更是如此。從他死守據點頑抗，且爲了保衛這個據點不惜做出犧牲的決心，可以看出其他的人很難和他競爭。除了擁有幾乎沒有限制的機會外，每個單位也或多或少會困守既有的安排。若不授與完全理論的概念，他們對自己所喪失的機會可能完全無法理解。由此可見完全競爭的重要！

不穩定性

完全競爭之古典分析的不同處，値得加以推究。我在「金融煉金術」一書中多少已這麼做，但我沒有像在這裡一樣，提出這麼強而有力的立論。我沒有堅持經濟理論的基礎有缺陷：它假定需求與供給曲線是獨立賦予的，事實並非如此。需求曲線可能因廣告、甚或受價格移動的影響而改變。這種情形在盛行追逐大勢的投機式金融市場尤其如此。人們購買期貨，並非因爲他們想擁有交易的商品，而是因爲他們想藉這些商品獲利。股票、債券、貨幣、房地產甚至藝術品市場也是一樣。獲利的潛力並非以交易商品本身的價值爲本，而是以他人在看到價格變化的趨勢後，從事買與賣的意願爲考量依據。

根據經濟理論，價格是由供需決定的。但是，當需求與供給曲線本身已受到價格變動的影響時，價格又會如何變化呢？答案是，價格是完全不確定的。整個情勢變得不穩定，而在這種不穩定的情勢中，隨波逐流的投機往往就是最佳的投資策略。此外，採用這種策略的人愈多，這種策略就愈有收穫，因爲價格的走勢已經變成一個決定價格走勢本身的重要因素。價格變動會自我膨脹，直到價格與其固有的價值完全沒有任何關聯爲止。最後，整個趨勢變得無法支撐，崩盤只是遲早的事。金融市場的歷史充滿這種暴起暴落的演變。這是所謂極不平衡狀態，在這裡基本面和估價之間的界線模糊不清，到處都是不穩定。

顯然，客觀的供給和需求曲線決定價格的論點，並非基於事實。仔細觀察，發現它變成一種部分自我認可的幻象，因爲受到普遍接受的它，對培養安定頗有助益。一旦承認爲幻象，維持金融市場穩定就變得極端複雜。

我們可以很清楚地看到，在市場經濟當中，不穩定性是一種傳染病。市場力量的自由作用產生了一種持續不斷的轉變過程，而不能產生平衡。走過了頭的趨向互相更迭遞嬗。在某種情形之下，特別是涉及信用問題時，不平衡竟會累積，直至崩盤爲止。

此一結論形同打開了潘朵拉的盒子，將引起不少麻煩。古典分析的基礎是自身利益，但假如尋求自身利益無法成就一個穩定的體系時，我們不免要問，個人的自身利益是否可以確保制度得到繼續存在而不墜。答案絕對是「不」。金融市場的穩定有賴於調節，只要我們把穩定作爲我們的政策目標，其他有意義的事就會接踵而來。當然，在穩定中，我們也必須維持競爭。公共政策旨在維持穩定與競爭，而且還有一些別的東西，都是和所謂經濟放任主義原則背道而馳的，其中必有一方是錯的。

我們可以把十九世紀視爲經濟放任主義在世界上大部分地區廣爲接受而且成爲主流經濟秩序的年代。經濟理論宣稱十九世紀是「平衡」的，這點顯然並非事實。十九世紀是一個經濟躍進的時代，新的生活方法不斷出現，新經濟組織不斷成型，經濟活動的疆界不斷拓寬。原有經濟管制的架構崩潰了，進步的速度驚人，規劃根本無法進行，新事物出現得太快，因而不能靠已知的辦法加以控制。但當時的國家機器又沒有餘力應付額外的任務，特別是當時大城市不斷擴大，疆土不斷開拓，連治安維持都很困難。

成長率放緩後，國家的調節機制開始趕得上要求，開始編列統計數字，徵收賦稅，並着手糾正自由競爭下產生的重大偏差。新興國家走上工業化的道路時，已經有不少前車之鑑可供參考了。到了這個時候，國家才開始可以有效地控制工業發展的步伐，人們也眞正可以在放任主義和計畫之間作一選擇，於是放任主義的黃金時代宣告結束，應運而生的是保護主義和其他形式的國家控制。

到了二十世紀初年，國家開始有能力訂下遊戲的規則。到了金融市場引起銀行體系崩潰，結果釀成經濟大衰退後，國家就已經可以插手干預了。

近年來，放任主義來勢洶洶地復興。雷根總統祭出市場的法力，柴契爾夫人鼓勵適者生存原則。於是我們又生活在一個充滿急劇轉變、創新和不穩定的時代中。但今天的放任主義還是免不了十九世紀時放任主義的缺陷。

事實上，所有社會制度與人爲建構，都是有缺陷的。我們發現了某一種安排的缺失，並不表示相反的安排就是合理的。但這是很常見的錯誤。我們從最近的經驗中得到的教訓之一是，狹隘的自身利益不能提供一套足以幫助我們處理當前面對的各種政策問題的價值觀。我們要使用的價值觀必須是更廣泛、更適用於體制生存問題的價值觀，而非一套只適用於個人貧富榮辱的價值觀。我談到價值觀問題時還會回頭細談這一點。

自由

有效的競爭不會產生平衡，但卻可藉此減少對既有關係的倚賴，而將個體的自由擴大到極限。一般皆認爲自由是憲法或法律所保障的一種權利，或是一連串的權利，如言論、遷徙、宗教等自由。這種見解過於狹隘。我喜歡廣義地爲自由下定義。我認爲自由就是擁有替代的選擇。如果替代的方案較目前的條件更差，或如果異動牽涉到必須做更多的付出與犧牲，則人們乃會選擇既有的安排，即使因而遭受任何限制、屈辱或剝削也願意忍受。如果替代的選擇僅較目前略差，人們便不會屈從於這些壓力。一旦眞的有人施壓，他們可能就順勢而爲。據此，自由便與人們脫離目前位置之能力有極爲密切的關連。當替代選擇僅較目前的情況稍差時，便可以享受最大的自由。

這種自由的見解，迥異於尋常，因爲一般人認爲自由係一種理想，而不是一種事實。把自由當成理想，便自然而然地和犧牲連想在一起。如果當成事實，便包含個人可以選擇不做出犧牲便能夠享有的意義。

認爲自由係一種理想的人，可能會滿腔熱血地爲自由奮鬥，卻不見得能理解自由的眞諦。既然自由被視爲一種理想，他們便自然而然地把它當成一種完整無缺的祝福。事實上，自由也有令人不快之處。當犧牲有了結果，而且自由也獲得實現時，自由令人不快之處便遠較僅將其視爲一種理想來得明顯。當英雄主義的光環褪去、藉共同理念所凝聚的團結精神消失時，所殘存的，就只剩一些如同散沙的個體，各自追逐自己眼前的利益。這些利益可能符合、也可能不符合團體的利益。這便是我們在開放社會中所見到的自由，這可能要讓那些爲它奮鬥的人大失所望了。

私有財產制

如同此處的定義，自由不僅對人類、對所有的生產工具也適用。以未限定特殊用途、卻具有邊際累進替代效果的土地和資本來說，它們也算是「自由」的。這便是私有財產制的先決條件。

一般說來，生產因素必須與其他因素相配合，因此，只要有某一因素改變，其他便會隨之改變。其結果是，財富決不會眞正屬於私人；它會影響到他人的利益。有效的競爭會減低某一因素對另一因素的依賴，而根據實際不存在之完全競爭假說，這種依賴會完全消失。這種說法排除了財富擁有者對其他參與者的責任，且主張私有財產制爲基本權益者提供了理論的依據。我們可以看出，私有財產制的觀念需要完全競爭作爲它的理論依據。因爲如果沒有完全機動力及完全理論概念的假說，擁有財產除了具有權利外，也對社區負有義務。

有效競爭也偏好私有財產制，但方法就比較恰當。個體決定所造成的社會結果是分散的，而且不良的後果也因受影響的因素而有能力選擇替代方案使衝擊減輕。財富與社會義務的關聯相對地也比較模糊與普遍，有關財產歸私人擁有與管理的問題仍待多方討論，特別是用來取代私有財產制的公有制度缺點反而更大。但是，與古典分析理論相較，私有財產制仍不能視爲絕對，因爲競爭並不完全。

社會合約

如果自由爲一種事實，社會的性質便完全由成員的決議決定。正如同一個有機體社會，成員的位置只有在與整個群體有關時才有意義，而整個群體也只有在與個體的決定有關時才有意義。爲了強調這種對比，我使用「開放社會」這個術語。一般說來，人們能自由進出的社會通常是開放的，但這與我所界定的意義關係並不大。在文明社會中，人們彼此之間都會有許許多多的關係與牽絆。在有機體社會裏，這些關係由傳統來決定，在開放社會中，則由相關個體的決定來構成：它們受到成文及不成文合約的約束。合約的關係取代了傳統的關係。

如果傳統關係的條件非相關個體所能操縱，則此等關係爲封閉的。例如，土地的繼承是未出世就決定的：農奴和地主的關係也是一樣。如果傳統關係只對直接相關的人適用，與他人毫無關係，則這種關係也是封閉式的。而合約關係是開放的，因爲成員的關係是由相關的成員彼此協商出來的，當然也可以經由共同協議改變。如果相關個體之間的關係可以由他人取代，則這種關係也是開放的。合約的內容通常是衆所皆知的，至於類似情況下若出現截然不同的安排，也會因競爭而自然而然地被矯正過來。

從某個層面來說，傳統與合約關係與具體和抽象的理念是相通的。傳統關係只適用於直接相關的成員，但合約的條件則可視爲放諸宇內皆準。

如果成員之間的關係由參與者自行決定，則構成文明社會的各種不同機構成員也應該受合約的約束。這種推理的模式是社會合約誕生的起因。如同盧梭的理論，社會合約的觀念既無理論亦無歷史的價值。企圖用完全獨立自主的成員得以自由加入合約的層面來爲社會下定義，勢必誤入歧途；但企圖用文明社會的歷史起源來界定合約，也不合時宜。不過，盧梭的觀念明白指出開放社會的本質，其說明則和梅南紐斯·阿古利巴（Menenius Agrippa）的寓言式有機體社會的定義一樣清楚。

開放社會可視爲一種理論模式，所有成員的關係本質上都是合約。成員關係爲強迫性或有一定限制機構的存在，與這種論釋並不衝突。只要數個立足點大體平等的不同機構都能對每一個體開放，讓個體有選擇的自由，則個體的自由便可以確保。即使某些機構如國家，擁有強制力量，或社交俱樂部對參與成員設限，這種理論仍然得以成立。國家不能鎭壓個體，因爲他們可以用移民來脫離合約關係；社交俱樂部不能排斥個體，因爲個體可以自由到他處締結新合約。

不過，開放社會卻無法保證人人機會平等。相反地，如果生產的資本模式與私有財產有密切關係，不平等的情況勢必很多，而且如果不去理會它們，則只會增加，不會減少。開放社會不必然就是沒有階級區分的社會；雖然不是不可能，但是要把開放社會想像成沒有階級的社會仍十分困難。要如何解決開放社會中的階級存在問題呢？答案很簡單。在開放社會中，階級只是社會層級的一種概論。由於社會具有高度的機動力，類似馬克思所說的階級意識根本不可能存在。馬克思的觀念只適用於封閉的社會，我將在這個主題的章節裡進一步加以說明。

美麗新世界

讓我試圖為開放社會理念下一個合乎邏輯的結論，同時說明一個完全可改變社會的樣子。在各種情況下，替代選擇都是唾手可得的：無論是人際關係、意見和構想、生產過程和物質、社會和經濟組織等等。在這些環境之中，個體占有最高的位置。有機體社會的成員毫無獨立的立場可言；在不如完全可改變社會之中，既有的價值觀和關係仍限制著人們的行為；但在完全開放的社會中，沒有任何關係是永久的，人們與國家、家庭以及同胞之間的關係完全取決於自己的決定。從相反的角度來看，這意味著社會永恆的關係業已消失；社會的有機體結構已完全瓦解，其原子，亦即個體在喪失根本後，四處飄泊。

個體如何從既有的替代品中加以選擇，是經濟學討論的範疇。因此，經濟分析家便提供了一個方便的起始點。這部分有必要加以說明。在每一個行動都是一種選擇的世界裡，經濟行為成為所有活動的特質。這並不意味人們注重物質之擁有更甚於精神、藝術或道德價值，它只是意味著所有的價值都可以簡化成貨幣條件。

這種特質爲市場機制原則和一些幾乎不相干的範疇，如藝術、政治、社交生活、性及宗教建立起關聯。不是所有有價値的東西都能買賣，因爲有些價値純屬個人，不能交易（例如母愛），有些則在交易過程中會喪失價値（例如名譽），有些則實體上不可能交易，或一旦交易則屬非法（例如氣象或政治任命）。此外，在完全可改變社會中，市場機制的範疇會被擴張到極致。即使是在市場力量運作受到立法節制的地方，立法案本身也是與經濟行爲有關之討價還價的結果。

在以前，選擇權的興起幾乎是難以想像的事。如今，在安樂死、基因工程和洗腦都已變成可能的情況下，人類最複雜的機能，如思考，也可能被分解爲基本成分，再由人工加以複製。在未被證實爲不可能之前，任何事都是大有可能的。

或許，完全可改變社會最令人驚奇的特質，便是人際關係的式微。人際關係之所以特別，就因爲它被鎖定在某些特定的對象之上。朋友、鄰居、丈夫和妻子的關係，如果無法替換，至少也只有在稍爲次等（或略爲優異的）替代對象存在時，才可能被替換，在競爭的條件下，他們將被選擇權所限制。父母和孩子的關係永遠不會改變，但連繫他們的關係可能愈來愈不具影響力。當愈來愈有效率的溝通工具降低實體存在的需要時，人與人之間必須接觸的重要性可能也就逐漸降低。

這種可能的畫面當然令人不舒服。事實上，開放社會可能不若把它當成理想而熱心追求的人所勾勒的那般完美。嚴格說來，我們應該牢記任何社會制度都會變得荒謬與不可忍受，如果它死守其邏輯結論，無論是摩爾（More）的「烏托邦」，或是狄福（Defoe）的想像國度，赫胥黎（Huxley）的「美麗新世界」，或是歐威爾（Orwell）的「一九八四」，其結果都相同。

價值問題

開放社會最大的恩賜，以及種種讓它成為一種理想的成就，就是個體的自由。自由最吸引人之處，其實並非好事：因為缺乏約束。但是自由也有積極而且是最為重要的一面。它讓人們學習省思，決定自己的需要以及實現自己的夢想。人們可以探索自己能力的極限，達成自己本來連想都不敢想或壓根兒就沒想到的智識、組織、藝術以及實際上的成就。這是一種既強烈又滿足的經驗。

對借方來說，個體因強迫自己承受負擔而享有的高位，有時變得不堪忍受。他們該到何處找尋所需的價值，以便做出所面臨的一切抉擇？從期待一個沒有負擔的個體得利用一套固定價值觀來運作的角度看來，這是一種矛盾。價值和所有的事物一樣，只是一種選擇罷了。這種選擇可能是有意識的，也可能是心靈省思的結果，也許更可能是一時的激動，或基於家庭背景、忠告、或某種外在的影響。當價值觀可以改變時，其改變就注定是商業活動極為重要的一部分。個體在強大的外在壓力下，必須選擇自己的價值觀。

如果只是消費物品的選擇，當然不會有太大的困難。當我們在決定要買哪種牌子的香菸時，它帶給你的愉悅感覺就足夠幫你做出決定——雖然從菸商在廣告上所花的大筆銀子看來，這個立論是有疑問的。但是社會卻不能光憑愉悅的原則建立。生命包含了痛苦、風險、危害以及最終的死亡。如果愉悅是唯一的標準，資本將無從累積，許多組成社會的組織和機構無法生存，而構成文明的許多發現、藝術和技術創作，也將無從產生。

目的之不足

當我們脫離那些提供即時滿足的選擇時，我們發現開放社會也許有遭遇「目的之不足」的毛病。我的意思不是找不到目的，只是每一個個體必須自己去追尋，並在自己的族群裡發現。

就是這種義務造成了我所提到的負擔。人們藉著參與團體或獻身理想工作，目的可能在爲自己找尋一個較大的目標。但是志願結社並不像有機體社會一般，可以有確保的品質。人們並不因爲做了某些事便屬於某個團體，這完全是有意識的選擇，當個人有許多可以選擇時，很難讓人全心全意地爲某一特定團體效忠。即使有人這麼做，這個團體也不一定會承諾給予回饋：遭到拒絕或排除的危險性是永遠存在的。

這種現象對理想也同樣適用。宗教和社會理想會相互競爭，以致缺乏可以讓民衆毫無保留接受的必然性。對某個理想的效忠就好像個人對團體的忠誠一樣，變成一種選擇。個人仍然維持分離；他的執著不見得意味著認同，而是一種理智的決定。這種行動的意識介於個體和所奉行的理想之間。

這種在群體內爲自己發現目標的需要，使個體陷入進退兩難的窘境。在所有構成社會的單元中，個體是最弱的一環，生命周期也比仰仗他的大多數機構來得短。個體靠自己的力量提供一個非常不確定的基礎，作爲足以支撐一個存在時間比他長之結構的一個價值體系，這個結構必須代表一個在他們眼中，比他們本身的生命及福利更爲重大的價值。但是要維持開放社會，這種價值體系是有需要的。

以個體作爲價值來源的不足之處，可用不同的方式來表達。寂寞或不如人的感覺、罪惡感和徒勞無功等等，可能與目的之不足有直接的關聯。由於人們往往會因爲這些感覺而自責，不會把個人的困難歸諸於社會因素，因此這種心理的困擾會因人們自責的傾向加劇。心理分析學家在這方面毫無助益：無論其治療的價值爲何，心理分析專家對個體的過於重視，往往會使他企圖治療的問題更形惡化。

個體所擁有的財富和權力愈大，他所感受的負擔問題便愈大。一個連生活都成問題的人，沒有資格停下來詢問有關生命目的的種種問題。但我所謂的「不完全理論的積極面」，可以讓我們仰仗它，使開放社會更爲富饒，而這種兩難的局面也可能使出全力來表現自己。有朝一日可能會發展到某一個點，在那個點，甚至愉悅的原則也會受到威脅：人們也許無法從他們努力證明的結果得到足夠的滿足。財富的創造，謂本身可視爲一種創造活動的形式，而提出自己的辯辭；只有在享受果實的時候，壅塞的跡象才可能出現。

那些無法在族群裡頭找到目標的人，可能被迫轉向可爲個體提供現成價值觀以及宇宙內之安全處所的教條。消除目標不足的方法之一，便是放棄開放社會。如果自由變成無法承受的負擔，封閉社會可能就成爲救星。

思想的教條模式

我們已看到思考的批判模式使決定對錯眞假的責任，完全落在個體身上。從個體對不完全理論的理解，可以看出一些重大的問題——其中最顯著的就是那些關切個體與宇宙之關係，以及個體在社會中的地位——這些都不是個體能夠提出最後答案的問題。不確定的感覺令人難以忍受，而人類總是會想盡辦法逃避。

此處就有一個現成的避難所：思想的教條模式。它存在於建立一個最高的教條主義，這種教條主義據信出自於一種與個體無關的源頭。這個源頭可以是傳統，或是一種在與其他意識型態競爭時取得至尊地位的意識型態。在這兩個例子中，這種意識型態都被宣示爲衝突意見的最高仲裁者。凡是願意順從的，都予以接納，有衝突的則一律拒絕，沒有衡量替代方案的必要；每一種選擇都是現成的。所有問題都獲得解答。令人害怕的不確定陰魂已被排除。

思想的教條模式與傳統模式有很多相似之處。教條模式假定有一個爲所有智識之出處的威權，企圖維持或再造一個單純美好的世界，其中心觀點完全不受質疑。但是它與傳統模式最大的不同之處，卻在於缺乏單純。在傳統模式中，不變的是放諸宇內皆準的事實；在教條模式中，它卻是一種假說。除了沒有放諸宇內皆準的單純觀點外，它有許多可能的解釋，但只有一種與假說一致，其他的都必須排除。讓事情變得複雜的是，教條模式決不承認它在塑造一種假說，因爲如此一來便會使企圖建立不容遭受質疑的威權受到破壞。爲了克服這項困難，就必須在心理上進行令人難以置信的曲解。儘管試圖這麼做，思想的教條模式仍無法重造像傳統模式那樣的單純條件。兩者最主要的不同點在於：眞正永恆的世界可以沒有歷史。一旦覺察到過去與現在的衝突，教條便喪失其必要的特質。這意味著思想的傳統模式被限制在人類發展的初始階段。只有人們忘卻自己先前的歷史才有回到傳統模式的可能。

因此，從批判模式直接轉變為傳統模式的可能性可以完全予以排除。如果思想的教條模式盛行一段時期，則歷史可能就會逐漸淡出，但在目前這個節骨眼，這個可能性倒不高。唯一的選擇，不是批判模式，就是教條模式。

思想教條模式有訴諸超人類威權，如上帝或歷史等等的傾向，這些威權會以某種形式向人類顯示神蹟。這種神蹟顯示是眞理唯一也是至高無上的來源。在人類用殘缺的智慧，喋喋不休地辯論教條的應用與涵義時，教條本身仍持續發出神聖純潔的光輝。在觀察記錄不斷改變的足跡時，超人類權力的統治依舊沒有受到干擾。這個機制在諸多證據證明其為虛妄的情況下，仍執意維持一個精心界定的永恆世界秩序的假象。這個假象再透過思想的教條模式，如果能成功的話，可使社會條件維持不變的事實，予以強化。但是，即使是在成功的顛峰時期，教條模式也從來不具備單純的特質，而這正是傳統模式的可取之處。

思考的傳統模式處理的完全是具體的情況。教條模式仰仗的教條，在所有的環境中皆可適用。它的教義極爲抽象，無法直接觀察其是否存在。抽象的運用帶來傳統模式所沒有的各種麻煩。思想的教條模式決不單純，它可以比批判模式更爲複雜。這一點也不奇怪。爲了維持永恆不變的假說，卻不承認其實已確立了一個假說，這就是曲解事實。爲了做到表面的可信度，我們必須經過複雜的曲解過程，若從內心的掙扎與抑制來看，還必須付出沉重的代價。的確，如果歷史沒有提供例子，我們很難相信人類心靈具有自欺欺人的能力。顯然地，心智是一種可以藉由在別處製造新矛盾的方式，解決任何自我矛盾的工具。在思考的教條模式當中，這種傾向被賦予完全的操控權，因爲就如我們所見，其教條與可觀察現象的接觸非常少。

在全部精力都集中在解決內部矛盾的情況下，思想的教條模式只爲知識內容的改善提供很小的範圍。它不能承認直接觀察的證據，因爲一旦出現衝突，教條的威權將受到傷害。它必須自我設限以便應用教條。這導致相關字面意義的爭辯，特別是那些與太初啓示——如詭辯、猶太法典、意識型態討論，對他們解決的每一個問題，這些似乎又會創造出新問題來。由於思想與事實並無多大接觸，推測往往會愈推測愈糊塗，愈不實際。一根針的針頭上到底可以容納多少天使跳舞呢？教條的眞正內容端視歷史環境而定，而且不能作爲概論的主題。傳統也提供了部分材料，但爲了這麼做，它必須進行劇烈的轉變。思想的教條模式需要四海皆能通用的通則，但傳統卻打從一開始，便以具體的條件擬具這項聲明。它現在必須普遍化，以便使其與範圍廣泛的事務而不是自己的命運發生關聯。這個目標該如何達成，已由語言的成長明白地顯示出來。語言自我調節以適應變動環境的方法之一，便是使用華麗的感性辭藻。這種辭藻起初只有一種具體的意識。這種表面意義只保留具體案例的一種特性，嗣後再應用在其他享有共同特質的具體案例上。傳道士從聖經上擷取一段經文加以運用時，所採用的也是同樣的方法。

任何教條都可能結合源自開放社會的概念。所有廣泛解釋存在問題的哲學和宗教理論都不免有教條色彩，只欠缺無條件接受和普遍實行這兩點。開創一種全面哲學學說的人也許並不是要提出一種要人無條件接受和普遍實行的學說，但個人的傾向對思想發展的影響是微乎其微的。只要某一種理論成了知識的唯一來源以後，這種理論就會平添某些顯著的特色，建立理論的人的意向如何，也變成無關宏旨了。

由於批判的思想方式比傳統思考方式有用，透過批判思考而形成的意識形態比起傳統更有成爲教條基礎的可能。但意識形態一旦建立起來之後，就會改頭換面，以傳統的面目出現。假如語言有足夠的彈性，讓我們得以把具體的言論用比喻的手法表現出來，反過來的情形也是可能的，於是抽象的觀念也就可以人格化了。舊約中的神就是一個很好的例子，佛雷塞（譯者按：英國人類學家）的「槲寄生」（Golden Bough）一書中還有別的例子。實際上，在所謂傳統之內，我們也可以找到很多由批判思考產生的具體詞語。

教條的首要條件是無所不包的。教條必須提供衡量與評估所有思想行爲的標準。假如人不能憑藉教條評估一切事物，就要往別的地方尋找判斷是非的標準，從而破壞了教條主義的思考方法。即使教條本身的有效性並未因此而遭到直接攻擊，教條的權威卻因爲其他標準的應用而遭到打擊。假如一種學說要實現其成爲所有知識基礎的這種功能，它首先就得在所有領域建立其優越性。人們未必把這種學說掛在嘴邊，耕作、繪畫、戰爭和發射火箭等活動都按照它們本身的方式進行，但一旦某種思想、行爲和這種學說發生衝突時，教條就一定會佔上風。就是這樣，即使範圍較廣的人類行爲也難逃教條的控制。

教條的另一特色是缺乏彈性。傳統思考方法是很有彈性的。傳統是超越時代的，傳統的改變，不但在當時當代爲時人所接受，他們也把這種改變視爲亙古以來就有的事。但教條就不一樣了。教條提供一種衡量思想行爲的標準，所以必須是經常而且固定的，而且不論距離常軌多遠，改變都是不能接受的。假如偏離了規範，就要馬上糾正。教條本身必須是不能違背的。

鑒於我們的理解力是不完整的，新狀況很明顯地可能和已經建立地位的學說發生衝突或出乎意料之外地出現內部矛盾。因任何改變都足以構成威脅，因此教條主義的思考方向傾向阻止思想和行爲偏離了軌道，而方式則是從教條本身的宇宙觀之內清除所有不受約束的改變，並進而打壓不受約束的思想和行爲。教條主義在這方面能夠走到什麼極端，就要看教條本身受到攻擊的程度而定。

比起傳統思考方式，教條主義和某種形式的強制行爲是分不開的。要維持教條對實際或潛在競爭對手的優越性，有必要採強制手段。任何學說都不免會產生問題，而這些問題都是不能光靠默想就可以解決的。假如沒有界定教條並捍衛其純正的權威，教條主義統一的觀點可能分裂成互不相容的解釋。解決這個問題的最有效途徑就是授權某一權威解釋教條學說，以建立其所謂超人力意志。對教條的各種解釋可能隨著時間的過去而不斷演進，同時，假如這位權威能夠有效率地運作的話，主導的學說可能能夠稍稍趕上實際發生的變化。但任何未經權威認可的創新都是不能容許的，因此權威本身必須有足夠的權力除去和教條衝突的觀點。

權威不必訴諸暴力的情形也許不是沒有的。只要主導的教條發揮功能，對事物提供無所不包的解釋，人們往往會不加思索地接受。畢竟教條是具壟斷性質的：雖然人們對事物的看法不同，但實際上只有一種觀點存在，原因是人們是在教條的羽翼下長大，而且思考時也是使用教條的術語，於是接受教條比質疑教條毋寧是更自然的。

但到了內部矛盾演變成不切實際的辯論時，或是到了事情發生的情形竟然和已經建立地位的解釋不符時，人們可能開始質疑這些解釋的基礎。到這種情形出現以後，教條主義思想就只能用武力維繫了。使用武力對思想的演進肯定是有深遠的影響。到了這個時候，思維就不會遵循思想本身的邏輯，只會和權力政治糾纏在一起。特定的思想和特定的利益掛鉤，任何一種解釋，假如要壓制其他解釋，要看的不是支持這種解釋的論據是否有效，而是要看主張這種解釋的人的政治實力如何。於是人心變成了各種政治勢力的戰場，但反過來說，學說變成了與各派交戰的武器。

於是，一種學說的優勢可以維持，但手段和論據是否有效無關。愈使用壓力維持一種教條，這教條就愈難滿足人類心靈的需要。到教條的權威地位遭打破後，人們很可能覺得他們已經從可怕的壓迫中解放出來。於是新的思想門路大開，隨著各種機會的出現，人們也開始有了希望，有了熱情，思想活動也大放異彩。

由此可以看出教條主義無法仿效傳統思考方式吸引人的地方。教條主義只能是曲解、僵化和高壓的。的確，教條主義可以除去爲患批判思維的某些不肯定因素，但代價卻是製造了一些人類心靈無法接受的情況。以超人權威爲基礎的學說可以讓人擺脫批判思維的某些缺失，但最後批判思維可能才是受到教條壓抑的人的救贖。

封閉社會

對旁觀者而言，有機體社會可能有些頗有吸引力的特點，例如具體的社會團結、毫無疑問的歸屬感，以及個人對集體的認同等。但有機體社會的成員不會覺得這有什麼好處，他們根本不知道這種種關係有什麼重要性。只有察覺到個人和社會全體之間衝突的人才可能把有機體社會視爲一個理想的目標。換言之，在有機體社會存在的先決條件逐漸式微的時候，才容易察覺到它的好處。

由整個人類歷史來看，我們不難發現人總是盼望回到天地初開時人類還是渾沌無知的階段。人類始祖遭逐出伊甸園的故事一直都掛在人類嘴邊，反覆不斷地講。但無知失去之後就不可能再尋回，除非我們可以忘卻所有的經驗。要重構一個有機體社會的狀況，最難實現的一部分就是社會成員對社會本身不假思索的認同。所以，假如要建立有機體團結，首先就有必要肯定集體的優越地位。但這種方法得出的結果和有機體社會本身有一點非常重要的分別，那就是個人利益不是和集體利益一致的，而是個人利益從屬於集體利益。

個人利益和公衆利益之間的分際引起了一個難題，那就是到底什麼才是眞正的公衆利益。公衆利益必須加以界定，加以解釋，必要時甚至要凌駕於互相衝突的個人利益之上。這種任務最好交由一個活的統治者執行，原因是假如由某一個機構執行的話，一定會搞得很笨拙，也很缺乏彈性和效率。機構往往設法阻止改變出現，但長遠而言，這是無法辦到的。

不論公衆利益在理論上如何界定，實際上這種所謂公衆利益往往只能反映統治者的個人利益。統治者是宣稱全體居主導地位的人，也是把全體的意志加諸在個人身上的人。除非我們可以假定這些統治者是完全無私的，否則得到好處的只有他們。作爲個人，統治者不必都是要遂行自私目的的人，但作爲一個階段，他們就是從現行體制得到好處的人。所謂統治者的定義就是統治的階層。由於每一個階層的成員資格都是很清楚界定的，個人對全體的服屬也等於是一個階層對另一階層的服屬。於是，封閉社會可以界定爲建立在階級剝削基礎上的社會。剝削也可以在開放社會出現，但由於在開放社會之內個人的定位不是固定的，所以開放社會不能在剝削的基礎上運作。馬克思所謂的階級剝削只能在封閉社會出現。馬克思建立階級剝削這個概念，是很有貢獻的，一如阿古利巴（譯者按：羅馬政治家）把社會比擬作有組織的那樣有貢獻。但他們兩人都把他們的概念應用在不適合的社會上。

假如封閉社會的目標是要維持某一階段（或民族和種族）的優越地位，封閉社會很容易就可以完成此一使命。但假如封閉社會的目標在於恢復有機體社會的美好狀態，那它是注定要失敗的。社會團結的理想和階段剝削之間是有道鴻溝的。要把這鴻溝彌補起來，要花很多工夫解釋，而這些解釋本質上就和事實不相符。使某種意識形態得到普遍接受，不但是統治當局的首要任務，也是衡量他們成敗的標準。意識形態愈普遍得到接受，集體利益和實際執行的政策之間就愈不會發生衝突。威權體制頂多能做到的一點是在模擬有機體社會的平靜與和諧方面有相當成就。但一般而論，都會使用壓迫手段，於是當局就要用迂迴曲折的方式爲之辯解，從而削弱了意識形態的說服力，於是又要進一步使用壓迫手段，直到最後，最糟糕的情形可能是支撐體制的基礎竟是暴力，而意識形態和現實完全不符。珍．寇比特克女士（譯者按：前美國駐聯合國大使）把威權國家和極權國家區分開，目的是要區分美國的敵友，我對她的區分有點保留，但她的區分方式也不是全無道理。一個目的只在繼續掌權的威權政權可能有點公開地承認這政權本身到底是什麼的一回事。這個政權用不同的方式也許會限制被統治者的自由，這政權也可能是侵略殘暴的，但威權政權要維持其威權地位，是不必把影響力延伸到生活的每一個方面。但一個自稱是要達到這種社會正義的理想體制，就必須隱瞞階級剝削的現實。於是就有必要控制被統治者的行動思想，使其限制力量變得更無所不在，無所不包。

以普遍理念爲基礎的封閉社會，蘇聯就是一個典型的例子。但封閉社會卻未必體現某種普遍理念。封閉社會的範圍可能只侷限於某一個或某一群國家。可以這麼說，比較狹義的封閉社會在精神上是比較接近有機體社會的，至於號稱可以應用到全人類身上的教條在精神上反而和有機體社會的距離比較遠。一個族群只牽涉到族群的成員本身。現在共產主義已經成爲明日黃花了，嚮往有機體社會的安全和團結的人現在很可能會轉往種族或宗教族群尋求安全和團結了。我在前面說過，反對共產主義的人反對的不是共產主義的封閉就是共產主義的普遍性。別的選擇不外是開放社會或各種基本教義教派。基本教義的信仰比較不容易從理性的論據爲之辯解，但卻比較具有非理性的吸引力，原因是這些信仰是比較原始的。

我們提起基本教義，就會想起回教基本教義，但我們可以看到各種基本教義在前共產主義集團國家的境內復熾，把民族和宗教因素結合起來。這些基本教義仍未形成意識形態，事實上仍欠缺明確的鋪陳，原因是這些教義的靈感來自渾沌一團的過去。共產主義沒落之後，開放社會和封閉社會之間的理念戰爭仍未停歇，只是以新的形式出現。雖然封閉社會的概念流行之際，教條的形成就爲期不遠，但與其說封閉社會的思考方式是教條化的，毋寧說是傳統的。回教基本教義已經形成，俄羅斯基本教義的基礎則已奠定了。（參看亞歷山大・雅諾夫，「俄羅斯的挑戰」）

歐洲解體的前景

本文是索羅斯在一九九三年九月廿九日應邀向柏林亞斯潘學會演說的紀錄。

歐洲共同市場是一種很理想的組織形式，甚至可說是體現了開放社會的理想，原因是歐洲共同市場有一點很有趣的特色：就是各會員國都屬於少數民族。對少數的尊重是歐洲共同市場建構的基礎，也是開放社會的基礎。但目前仍待解決的問題是：要授予多數多少權力，統合要統合到什麼程度？

歐洲演進的過程對於歐洲以東地區的局勢有很深遠的影響。經過共產主義蹂躪的社會無法自行過渡到開放社會。這些社會需要歐洲的開放、歐洲的接受和歐洲的支持。東德得到的幫助太多了，其餘的東歐國家得到的又太少。我是深切地致力於幫助其餘東歐國家的人。大家可能都知道，我建立了一個基金會網路進行這番事業，這就是我看歐洲問題的立場。

我曾針對所謂「大起大落過程」進行研究，這過程往往都可以在金融市場看到。我認爲，這種觀點也可以應用在歐洲統合和解體的問題上。自從一九八九年革命和德國統一以來，歐洲一直都在一個動態不平衡的狀態中。所以對於我的歷史理論來說，歐洲成了一項很有趣的個案研究對象。

我是一個國際投資者，因此我是參與這種動態不平衡的人之一。我以前自稱是投機者，也開玩笑說投機出了問題才成爲投資。但鑒於有人要發起運動對付投機者的這個事實，我現在覺得這笑話不好笑了。國際投資者在匯率機制的瓦解扮演重要角色，要有一個沒有資金流動的共同市場是不可能的事。責怪投機者就好像射殺帶口信的人一樣。

在討論歐洲的不平衡時，我將以我的歷史理論爲依據。我是一個參與其間的人，但這並不影響我應用這個理論的能力。相反地，這一點還容許我在實踐中驗證我的理論。我有了預設立場後才來談這個問題，也是不防礙的，原因是我的理論認爲參與歷史過程的人往往是按照預設的立場行事的，倡導理論的人也往往如此。

但我必須承認，我希望看到歐洲統一、繁榮和開放的預設立場並不影響我參與市場的活動。只要我是一個不知名的參與者，我就一點問題都沒有。不論我是否曾拿英鎊投機，英鎊其實早晚都免不了要退出匯率機制。在英鎊退出了匯率機制後，我的知名度大增，我再也不是一個不知名的市場參與者了，我成了一位大師級的人物。事實上我當時是可以影響市場趨向的，假如我假裝沒有這種能耐，那才是自欺欺人。這種情形爲我提供了好些機會，但也帶給我責任。基於我的立場，我不想要爲法國法郎脫離匯率機制負責。於是我決定不拿法國法郎投機，以便提出一個建議性的解決方法。但並沒有人因此感謝我。事實上，我的公共言論似乎比我在金融市場的活動更能惹惱金融事務主管當局，所以我不能說我把大師的角色發揮得很好。根據我的立場，下面有些話說了雖會對我的市場參與者身分有點不方便，但還是不能不說。談到歐洲統合的大起大落問題，我將特別談到對整個過程發揮很大作用的匯率機制問題。在德國統一之前，匯率機制在近乎平衡狀態中運作得很好。到了德國統一之後，動態不平衡的情形出現了，此後，錯誤和誤解影響了事態的發展。最具體的結果就是匯率機制的瓦解，假如日後歐洲聯盟解體，匯率機制的瓦解是重要因素之一。

我首先要提一提近乎平衡狀態由動態不平衡取代的時間，事實上這時間可以很精確地指出，就是柏林圍牆倒下來的時候。柏林圍牆倒了，德國隨之統一。德國總理柯爾擔任起德國統一的大任。他認爲，德國的統一必須是完整、立即生效的，同時也是在歐洲的範圍內完成的。事實上他當時也別無選擇，原因是德國憲法授予東德人公民身分，而德國本身也是歐洲聯盟會員國之一。但最重要的問題是德國主導整件事，卻還只是被動地因應。柯爾總理發揮了他的領導能力，馬上和法國總統密特朗商量，爭取法國和歐洲的支持，使德國得以馬上完完全全地統一。法國的反應是可以趁此機會使歐洲在兩德統一的情形下壯大起來。於是德國統一得到了強大的動力，大起大落過程中的大起也隨之開始。英國反對強大的中央集權。相信大家還記得英國首相柴契爾夫人在布魯雪（譯者按：比利時城市）發表的演說。接著，艱難的談判展開了，但那時大家也有一點迫切感，好像大家都設定了最後期限似的。於是馬斯垂克條約應運而生。馬斯垂克條約的兩大目標是制訂共同外交政策和行使單一的共同貨幣。條約還有一些比較不重要的規定。英國針對這些不重要的規定提出反對，結果得到允許可以自由遵行或不遵行這些規定。但總括來說，這條約代表了歐洲跨向統合的一大步，也是一種宏遠的理想，宗旨在應付因爲蘇聯解體而出現的革命性轉變。但這一步走得太快，也跨得太遠了，比輿論的預期還要快、還要遠，但那是各國領袖要應付當時革命局勢不得不冒的風險。我覺得這一點是對的，這就是領袖應有的表現。

但問題出在別的地方。我在這裡就不多談德國和歐洲共同市場談妥的承認克羅埃西亞和斯洛維尼亞獨立的附帶問題。這個問題當時注意的人不多，討論的人也很少，但後果卻是非常嚴重的。我現在集中談的是德國統一在國內引起的內部不平衡，原因是大起變成大落，原因就是在這個內部不平衡狀態。

德國政府嚴重低估了統一的代價，而且也不願意透過加稅和削減政府開支以支付統一的代價，於是在兩個層面上引起了德國中央銀行和德國政府之間的緊張。首先，中央銀行明確表達的建議，德國政府卻背其道而行。其次，德國政府爲此而採取的寬鬆財政政策——換言之，容許巨額的預算赤字。但在這種情形下，德國必須採貨幣緊縮政策，以維持貨幣平衡。德國政府透過西德馬克和東德馬克的等價兌換，使德國東部的德國人享有較大的購買力，結果引起了通貨膨脹，而財政赤字更使問題加劇。根據德國憲法，德國中央銀行的任務之一就是要維持德國馬克的價值。於是中央銀行迅速採取行動，把再買回協議利率提高到百分之九點七，但這種措施對歐洲貨幣體系之內的其他會員國不利。換言之，德國在國內重建平衡狀態的政策卻引起了歐洲貨幣體系之內的不平衡。這不平衡狀態要花點時間發展，但隨著時間的過去，德國中央銀行的貨幣緊縮政策把歐洲各國推向二次大戰結束以來最嚴重的經濟衰退。事實上，德國中央銀行兼具兩種角色，不但要維持德國馬克的強大，也要成爲歐洲貨幣體系的支柱。在整個過程中，德國中央銀行把德國內部的不平衡狀態轉化爲一股促成歐洲貨幣體系解體的力量。

德國中央銀行和德國政府之間還有層面更深的衝突。德國總理柯爾爲了爭取法國的支持，因而加入馬斯垂克條約。於是，德國中央銀行在體制內對歐洲貨幣的主導地位，以及該銀行的歐洲貨幣政策裁決人的地位，都受到嚴重威脅。在歐洲貨幣體系中，德國馬克是穩住整個體系的重心。但根據馬斯垂克條約，德國中央銀行的地位將由歐洲中央銀行取代。在歐洲中央銀行的表決中，德國中央銀行只佔十二票中的一票。當然，歐洲中央銀行是按照德國中央銀行的模式建立起來的，但作爲一個模式和實際親自掌控大局有很大的分別。德國中央銀行從未公開表示反對這種體制上的轉變，所以我們不清楚德國中央銀行的行動背後有多少阻止這種轉變發生的用意。我只能告訴大家，作爲一個市場參與者，我只能根據我的推論行事，我的推論就是阻止這種轉變發生的正是德國中央銀行的深謀遠慮。我不能證明這推論是對的，我只能夠告訴大家，這推論是行之有效的。

舉例言之，我聽到德國中央銀行總裁史萊辛格警告說，假如市場認定歐元是一籃子固定的貨幣，那就大錯特錯了。事後我問他喜不喜歡使用歐元作爲一種貨幣。他說，他喜歡歐元的構想，但他不喜歡歐元這名稱，假如歐元稱爲馬克，他會比較喜歡。我從他的話中得到了啓示。過了不久，義大利的里拉就被迫退出了匯率機制。

我不想逐一細談事情發生的經過，因爲我要建立的是一個廣泛的歷史觀點。從這個歷史觀點看來，重要的事件包括丹麥公民投票否決了馬斯垂克條約，在法國僅以些微票數之差通過了，在英國國會也只能勉強通過。於是，歐洲匯率機制實際上已經解體了。但實際解體過程還要拖上好幾月，經過好幾項事件，其中最後一項就是當年八月各國貨幣匯率波動的上下限擴大了，但此一事件卻是影響最深遠的，原因是此舉把歐洲共同市場之內最強固的一重關係——即德國和法國的關係削弱了。當然，還有更長遠的後果，就是現在歐洲置身嚴重的經濟衰退中，而且短期之內無法快速復甦。現在歐洲失業問題嚴重，而且不斷惡化，惡化的原因之一是各國的貨幣政策太緊了，對經濟循環中的現階段而言，這種過緊的貨幣政策是不合適的。我從這些觀察得到的結論是歐洲統合的顚峰時期已經成爲明日黃花，而且趨勢已經逆轉了。

丹麥公民投票否決了馬斯垂克條約就是逆轉的起點，但事實上，這次公民投票也未嘗不可以爲馬斯垂克條約帶來強勁的支持，假如情形確乎如此的話，逆轉也不會出現。但結果是這次公民投票導致了匯率機制的瓦解，歐洲現在也在解體的過程中。由於現在我們談的是大起大落過程，我們也不知道滑坡會滑到那裡爲止，但很可能比人們願意或可以預見的還要遠，原因是朝大起大落過程的兩個方向都是可以自我加強的。

我的看法是，至少有五項因素是互相加強的。最重要的就是經濟衰退。法國百分之十一點七的失業率，比利時百分之十四點一，和西班牙的百分之廿二點二五都太高了。高失業率引起社會和政治不安，這些不安是很容易走向一個反歐洲方向的。其次就是歐洲匯率機制的逐漸瓦解。這一點是很危險的，原因是從中長期而言，假如匯率不穩定，共同市場就無法繼續存在。

匯率機制在近乎平衡狀況中妥善運作了十年餘，但德國統一卻暴露了此一機制的弱點，就是德國中央銀行扮演雙重角色，一方面是馬克如穩定的守護神，但同時也是歐洲貨幣體系的中流砥柱。只要這兩種角色維持和諧，就一點問題也沒有。但兩種角色現在發生衝突，德國中央銀行自然優先考慮到本國的國情，德國的國際義務因而受到影響。這一點在七月廿九日星期四就看得很清楚。當時德國中央銀行拒絕調低貼現率以紓緩法國法郎受到的壓力。事實上也可以說德國中央銀行別無選擇，因爲德國法——憲法規定，維持馬克的幣值是優先的要務。於是，在匯率機制和德國憲法之間出現了無可彌縫的衝突。

這件事也暴露了匯率機制的其他弱點，就是扮演中流砥柱角色的貨幣和受到壓力的貨幣，彼此的義務竟是不對稱的，幾乎所有義務都要由弱勢貨幣來承擔。我們還記得，在布列敦森林協定簽署時，凱因斯強調，強勢貨幣和弱勢貨幣的義務一定要均等。他立論的依據就是兩次大戰之間的一段時期的經驗。目前的形勢愈來愈像那段時期，但有時不禁覺得好像世上根本未曾出現過凱因斯這一號人物一樣。

這一點把我們帶到第三點因素，就是錯誤的經濟和貨幣政策。在這一點上，我們不必太責怪德國中央銀行，要怪的反而是曾經反對德國中央銀行的人，如德國政府，以及曾受到德國政策拖累的政府，如法國政府和英國政府。製造內部不平衡，當然要由德國政府首當其衝爲此負責。但英國在德國統一後於一九九〇年十月八日加入匯率機制，實在是非常嚴重的錯誤。英國加入，所持的理由竟然是在一九八五年提出來，結果遭到柴契爾夫人強烈反對的一套論據。最後她的勢力日趨式微，只好不再堅持，但即使可以在一九八五年成立的論據，到了一九九〇年就未必有效了。所以英國其實犯了兩次錯，一次在一九八五年，另一次在一九九〇年。

英國受到德國中央銀行高利率政策的打擊特別嚴重，原因是英國加入匯率機制時經濟已經在衰退中。被迫脫離匯率機制也讓英國鬆了一口氣。他們本來應該深表歡迎的，但當時他們六神無主，不知如何反應。最後，他們走對了，把利率調低了，但還是未能把握機會採取進一步行動。於是英國政府更難以恢復國人的信心，到了經濟有點起色時，也已難控制工資的成長。

我們也許會以爲法國會把英國的經驗作爲後事之師，但結果法國比英國更缺乏彈性。法國努力守住所謂法郎堡壘，這一點也許會引起別人同情，原因是這所謂法郎堡壘是幾經艱辛才建立起來的，而且法國當時也快要可以享受到成果，在競爭力方面趕上德國，但最後這些成果卻在法郎連番遭到攻擊下被硬生生地搶走。但在法郎堡壘顯然已經守不住時，法國政府就要評估時勢，調整策略以爲因應。但法國並沒有這樣做，反而自願死守匯率機制加諸他們身上的制度，結果要承擔極嚴重的後果。我想我能夠理解法國的動機：他們的目的是要重建外匯存底，以償還法國中央銀行爲維持法德兩國貨幣平價而向德國中央銀行借下的債務。但法國卻把事情的優先順序搞錯了。這就是八月危機的起因。用高利率政策使法郎緊貼著德國馬克是自敗的一着，要使法郎強大，唯一的方法就是使法國經濟強起來。

德國中央銀行在遂行自己目標的做法相當一貫，也非常地成功，特別是假如我們也把在體制內自保算作目標之一的話。德國統一後，德國中央銀行發現身陷非常困難的處境：貨幣量大增，國家出現巨額財政赤字，以及自身在體制內的存亡受到威脅。但結果德國中央銀行勝利了，代價——包括一整個歐洲，經濟衰退以及匯率機制的崩潰是否值得，則另當別論。幾個月前，我還以為德國中央銀行的貨幣政策是錯誤的，原因是即使只以國內形勢而論，德國也在經濟衰退中，而貨幣政策是應該反循環的。但德國中央銀行反而固守中期貨幣政策目標，我覺得 M_3 貨幣供給在近乎平衡狀態中是相當理想的目標之一，但在當前的極不平衡狀態中是不適用的。我也覺得德國中央銀行奉行緊縮的貨幣政策過了頭。

不過那是各國貨幣匯率波動的上下限擴寬以前的事，此後德國馬克匯價上揚，德國長期債券回穩，而且，最重要的還是德國經濟開始出現復甦的跡象。我現在必須承認我可能錯了，德國中央銀行在遂行國內目標方面是很成功的。但這一點更加強了我的看法，認爲德國中央銀行的國內責任及在歐洲貨幣體系之內的中流砥柱角色之間的確是有利益衝突的。過去兩個月來發生的一切也足以證明德國的需要和歐洲的需要很不一樣。德國要的是較低的長期債券利率，原因是德國舉債是以長期爲主的，但其餘的歐洲國家就需要較低的短期利率，原因是銀行體系流動資金必須重新建立，而且短期利率低，也可以刺激經濟活動。德國的需要得到滿足了，但其餘的歐洲國家並沒有。

我對德國馬克的看法可能錯了，這一點卻引出第四項因素，那就是不但政府當局犯錯，市場參與者也會犯錯。市場是經常出錯的。具體而言，他們出錯的地方就是假設通往單一共同貨幣的路是一條筆直的康莊大道。國際投資者，特別是國際債券基金的經理人，跟著最高收益的尾巴走，根本就忽視了匯率方面的風險。德國中央銀行總裁史萊辛格警告說，假如市場認爲歐元是一籃子固定的貨幣，那就錯了，他的警告是對的。在他提出警告以前，大批資金湧進貨幣居弱勢的國家，包括義大利、西班牙和葡萄牙。這種資金流動最初是自我加強的，但到最後卻淪於自敗。原因是，這種情形使匯率變得過分欠缺彈性，也引起過分的不穩定。在引起動態不平衡的過程中，政府當局犯錯，但市場犯下的錯誤使情形更趨惡劣。

最後，我們要談第五個因素，這個因素和態度有關。去年發生的一些事情使不少國家受到震撼，於是造成了一種帶有敵意的氣氛。本來法國很有理由向英國、西班牙和義大利靠攏的，但結果經過去年的情形竟使他們愈走愈遠。對法德聯盟的投入仍是法國政策的基石，這一點在法國是很容易感受到的，不過目前這種關係繃得有點緊，而且，假如經濟情況持續惡化的話，這種關係可能還會繃得更緊一點。

我對德國的情形比較陌生，但我可以預見會出現一種兩代交替時出現的轉變。這一代的德國人仍然不免對上代的罪行耿耿於懷，於是他們立志要做一群模範歐洲人。巴爾（譯者按：德國新聞官員）一九九〇年在柏林的一項會議上很認真地宣稱德國的外交政策就是歐洲的外交政策時，當時我眞的很感動。現在情況改變得太多了。假如新一代排拒上一代的罪惡感，而且毫無愧色地尋求國家利益，那是很自然的事。在這種情形下，我們應該注意到德國馬克已經成爲德國國家認同的一種重要象徵。

英國一向對德國有點疑心。我老是跟他們說，德國人是比英國人更好的歐洲人，但現在英國人可以拿德國承認克羅埃西亞和斯諾維西亞，以及德國中央銀行的做法，來證明他們本來的懷疑是正確的。

事實上，我們還應該考慮第六點因素，就是東歐的不穩定，特別是前南斯拉夫的不穩定。但我認爲，這一個因素是朝相反方向起作用的。不穩定的風險，以及難民流入的可能性，本來應該促使他們團結建立一個「歐洲堡壘」。反過來說，歐洲共同市場的缺乏團結也將加強東歐的政治不穩定和經濟衰退。將來出現的，可能是一個和我本人及我在東歐支持的人的理想相距甚遠的歐洲共同市場。

這是很令人失望和難過的。聽來我比較像一個預言禍之將至的人而不像一個大師。但我可以提醒大家，大起大落過程不是注定的。整個過程幾乎在任何時候都可以扭轉。事實上，大起大落過程的重要特色之一是整個過程是可以逆轉的。我現在要說明的是現在很多事情的方向錯了，而且還會一直錯下去，直至我們看到那裡出了根本性的錯誤並採取果斷行動糾正爲止。

以歐洲貨幣體制目前的結構而言，我們可以說的確出了根本性的大錯。首先，德國中央銀行對德國的責任和在歐洲貨幣體系的中流砥柱角色是衝突的，事實上我們也可以這麼說，德國中央銀行利用了在歐洲貨幣體系中扮演的角色以解決德國的國內問題。其次，強弱勢貨幣之間的責任不均等，而更重要的是國際投資者——即投機者的風險和報酬也是不對稱的。這些結構性的缺乏從一開始就已經存在了，但到了去年才變得明顯。這些缺失暴露出來以後，要回到過去的局面已經是不可能的事。要除去這些缺失，就是完全不設匯率機制。但自由浮動的匯率會毀掉共同市場，於是就有必要行使單一共同貨幣，換言之，就是要實行馬斯垂克條約。在有關各造談判馬斯垂克條約期間，引向單一共同貨幣的過程看來，是一個漸進而近乎平衡的過程，但這漸進過程遭遇到障礙，假如繼續以這樣的方式進行，只會走到相反方向，原因是出現了逆轉，歐洲本身已經在瓦解狀態中。於是我們必須另闢途徑。假如我們不能以漸進方式達到目標，我們就全體飛快到達目標所在，到了目的地總比完全沒有到好。

在八月一日的會議上，一位葡萄牙代表建議加快實現使用單一共同貨幣的過程。據說一位與會的德國代表聞言後說：「你一定是在開玩笑。」假如我的論點是正確的話，我們就要重視葡萄牙代表的建議了。有人也許會覺得這說來容易，但事實上也是如此。假如我不能提出通往單一共同貨幣的途徑，根本沒有人會理會我的論斷。由於我們處在動態不平衡的狀態中，所以我們的途徑也要是不平衡的。目前，法國當局的首要急務是重建存底。他們達到這個目的的辦法就是使法郎變強勢。這種做法是錯的。他們的當務之急是刺激法國經濟，並延長向德國中央銀行償還貸款的期限，也許延長兩年，以利於法國降低利率。但我說降低利率，要降低百分之三。法國降低利率，應該要和其他歐洲貨幣體系的會員國——包括德國和荷蘭配合。德國馬克無疑會因此升值。德國馬克幣值過高，對德國經濟自然會有消極影響，從而促使德國利率下降。到了德國經濟下滑，歐洲各國經濟開始轉好時，匯率的趨勢就可以扭轉過來，還可能回到和擴寬匯率波動幅度上下限前的原點距離不遠的地方。有分別的地方就是經濟活動。起初，歐洲經濟復甦讓德國吃虧，但德國也會逐漸加入復甦的行列。到時候動態不平衡的現象就會得到糾正，各國也將在近乎平衡的狀態中繼續朝單一共同貨幣發展。這個過程所花的時間不會超過兩年，此後，各國就可以直接實行單位共同貨幣，而毋須重新建立較緊的匯率波動幅度上下限。但我們走的不是一條直路。目前我們身陷惡性循環當中，所以我們有必要扭轉形勢進入良性循環。這種情形已經在義大利出現了，當然也可能在其餘的歐洲國家出現。

在這裡，我還未談到外交政策問題，北大西洋公約組織（NATO）的前途問題，以及東歐前途問題，但我說的已經很多了。這些課題都和貨幣政策有密切關係。總而言之，歐洲的貨幣政策錯了，但這是可以糾正的。

避險基金與動態避險

本文是索羅斯在一九九四年四月十三日向美國國會衆議院銀行、金融及市政事務委員會作證的紀錄，原文已經過編訂。

我很高興有機會向貴委員會作證詞。我認為，委員會對金融市場的穩定感到關注是很對的，原因是金融市場的確有可能變得不穩定，因此需要經常嚴密督導，以防止嚴重的脫序。最近價格劇烈變動，特別是在利率工具市場的價格波動，使我們有必要仔細研究市場的運作方式。

另一種市場觀

我一開始就必須申明，我徹底不同意流行的看法。一般人接受的理論是金融市場是傾向穩定的，而且也往往能「正確地」預測未來的情況。我運作時的理論根據與此不同。根據我的理論，金融市場不可能正確地把未來排除在考量之外。原因是雖然金融市場現在的確有此情形，但事實上，其也是塑造未來情況的因素之一。在某種情形下，金融市場可以影響一些他們本來要反映的「基本因素」。這種情形出現時，市場就進入所謂動態不平衡狀態，而且那時市場的情況，就會和所謂有效市場理論描述的正常市況不一樣。大起大落的過程不常出現，但一旦出現時，可以引起極度混亂，原因是他們是可以影響經濟本身的基本因素。

我沒有足夠的時間細談我的理論，但在我的「金融煉金術」書中，我有詳細的說明。我在這裡談一個理論觀點，就是假如市場全由一窩蜂行爲支配時，大起大落的過程就會出現。所謂一窩蜂行爲，是指投資人在價格攀升時就不斷買進，價格下挫時就不斷賣出，蔚成一種風氣。一面倒的一窩蜂行爲是市場崩盤的必要條件，但並非足夠條件。

我們要問的問題是：到底什麼東西引起一窩蜂的行爲。避險基金可能是因素之一，因此各位要看看避險基金是怎麼一回事，是很合理的。不過，各位卻看錯了地方。我認爲，至少有兩種因素是更重要，更值得大家好好端詳一下的。其一就是機構投資者，特別是共同基金扮演的角色。其二是衍生性工具的作用。

機構投資者

機構投資者的問題是，他們的表現是相對於其他機構投資者的，而不是根據絕對標準衡量的。於是他們本質上就是一窩蜂。在共同基金方面，由於他們是開放型的，所以助長這種趨勢。當錢湧進來時，他們往往只維持比較不正常的現金餘額，原因是他們預期繼續會有現錢跟進。錢流出時，他們又要籌措現金準備應付投資人退股。這本來不是什麼新鮮玩意，但共同基金成長速度驚人，比避險基金有過之而無不及，而且現在共同基金還有不少以前完全未曾投資股市而且完全缺乏經驗的股東。

衍生性工具

衍生性工具的問題在於發行這些工具的人往往從事所謂三角避險或動態避險自保，以防止虧損。動態避險的意思是假如市場趨向對發行衍生性工具的人不利時，這些人往往被迫跟著市場走，於是市場的初步價格波動隨之擴大，但只要價格不斷變動，也不會出現什麼嚴重情況，只是價格變動趨劇，對衍生性工具的需求因而有增無減。但假如朝同一方向進行的動態避險過多，價格變動可能會停止，金融脫序的陰魂就會揮之不去。對於必須進行動態避險的人來說，假如他們只能下單，不能執行交易，損失可能非常慘重。

這就是一九八七年股市崩盤時的情形，當時的罪魁禍首就是投資組合保險的過度使用。投資組合保險是一種動態避險的方式。此後，金融當局制訂了條例，俗稱「斷路裝置」，使投資組合保險變得不切實際，但其他動態避險工具馬上就應運而生了。這次工具和利率市場扮演的角色遠比在股市扮演的角色重要，而最近數星期內，最充滿驚濤駭浪的也就是利率市場。

動態避險把風險從顧客轉嫁到市場主導者身上，但假如所有的市場主導者都同時朝同一方向進行動態避險而又沒有人承受風險的話，市場就垮了。

衍生性工具的爆炸性成長也引起別的危險。其一是衍生性工具種類非常多，其中有些還是很難懂的，即使最高明的投資人也未必能夠正確掌握風險所在。部分工具是經過特殊設計的，使投資人可以透過這些工具進行賭博。舉例言之，部分債券基金投資所謂合成債券，風險比在固定範圍內的風險大一、二十倍。另有部分工具的報酬率高得不得了，原因是投資這些工具是可以把全部投資統統虧掉的。一九九四年四月四日美國債券市場出現所謂「房地產抵押債務餘款」（俗稱有毒廢物）的強勁賣壓，結果導致一項六億美元，專門投資這一類工具的基金清盤。

這些工具的發行人多是商業或投資銀行。一旦市場崩盤，調節機構就要插手，以維持市場完整。從這方面來說，政府當局有權也有義務監控和調節衍生性工具。

一般而言，避險基金不發行衍生性工具，他們反而比較會是這種工具的客戶。

因此避險基金對體制構成的危險遠不如金融仲介業者的衍生性工具部門，大家千萬不要把動態避險和避險基金混爲一談，他們除了「避險」兩字是一樣的外，別無其他共同點。

避險基金是怎樣的一回事？

我來這裡不是要籠統地爲避險基金辯護。現在避險基金這四個字已經被濫用了，因此包含了很多種金融活動。避險基金共同的地方是基金經理人的報酬是要看基金的表現而分紅的，而不是根據他所管理的資產總值的一個固定百分比來計算的。

我們用避險基金投資，並藉由避險作用、槓桿作用，同時在多個市場運作來分散風險。我們比較像一個內行的私人投資者，而不太像一個爲別人管錢的機構。由於我們的報酬是看絕對表現而定的，所以是可以對機構投資者的一窩蜂行爲起一點化解作用。

但避險基金的報酬結構也不盡理想，原因是賺錢和虧錢時大有分別。賺錢了，基金經理人分紅，但虧錢時，他卻不分擔虧損，虧損往往是累積的。基金經理人表現進入負數領域時，就很有動機增加投資風險，以便轉虧爲盈。他本來應該是要審愼的，但他往往不這樣做。這就是避險基金業在一九六〇年代末期趨於式微的原因，那時正是我進入這個行業的時候。

量子基金群

我可以很自豪的說，我的量子基金群沒有這種弱點，原因是由我們的經理所經營的基金，他們自己也佔了相當大的股權。我們的股權是我們妥爲管理金錢的一種很大的直接誘因。索羅斯基金管理公司經營了二十五年，從未出現過不能應付增加保證金的情形。我們很少使用選擇權或其他比較冷僻的衍生性工具。我們的活動往往和流行趨勢背道而馳。我們往往設法在趨勢初起時把握先機，然後在趨勢到了強弩之末時把握趨勢的逆轉。因此，我們的活動是使市場趨於穩定，而不是使市場趨於不穩定的。我們這樣做不是爲了公益，這只是我們賺錢的方式。所以不論有人明言或暗示我們的活動是有害或助長不穩定的，我一概不承認。因此，也許只有一個地方是値得關注的：那就是我們的確利用貸款投資，而且假如我們不能應付追加保證金通知時，的確會出問題。但事實上，這風險是很小的，不過我也不能保證所有避險基金都是這樣。

索羅斯基金管理公司的經驗是，銀行和券商很小心查證和注意我們的活動。我們每天都按照市價計算投資組合，而且也定期和銀行溝通，因此他們可以很容易地了解信貸狀況。我覺得這對他們來說，是穩健而且有利可圖的，我們的活動甚至比他們其他的活動更容易掌握。

監管與調節

不過，這是金融調節當局必須監管，甚至必要時需加以調節的領域。假如要訂立法規，應該平等適用於所有市場參與者。假如只針對避險基金，那是不對的。

提到規章問題，我們得要小心防止出現與我們初衷不符合的後果。例如，在貨幣買賣和債券買賣的保證金制度方向，也許訂立規章是一件好事，但這卻可能促使市場參與者使用選擇權等衍生性工具，結果使局面變得不穩定。人們要規避規章制度就是促使衍生性工具發展的動力之一。

我希望把監管和調節分開。我個人主張，可以儘量多監管，但調節就要儘量少。我也要把資訊蒐集和公開分開。我覺得政府當局比社會大衆要掌握更多資訊。但事實上，有時法律規定我們公開的資訊會引起不必要的價格波動。

最後我要說明的是，現在是評估新工具和新現象引起新的風險的適當時候了。不過金融市場最近經過一次很嚴重的修正，假如進行正式調查，卻會引起我們要防止的那種脫序現象。

我也希望強調，目前市場沒有崩盤之虞。我們只是把資產價格的泡泡戳破了一個洞。市場狀況現在比去年年底時健康多了。我認爲投資者不必過於擔心。

我的一般性意見到此爲止。各位提出的問題，我已經書面作答，假如大家還有什麼問題，我會設法回答。謝謝你，主席先生，也謝謝各位委員使我有機會和大家分享我的觀點。

問題

問：我國是世上唯一享有用本國貨幣淸償欠債這種特權的國家。假如美元被取代了，我們就得用別種貨幣淸償欠債。你看這是不是個值得憂慮的問題？

答：我覺得一般而言，以及在理論上，你對這個問題的關注是對的，但我看不出實際上馬上會發生什麼危險。我想負債遽增和通膨快速加劇的時間已經過去了，也許還不會那麼快就回來。

問：透過銀行交易戶頭經營的大銀行的資產總值，過去四年激增了百分之五百。事實上，這些資產的總值比避險基金的資產還要高。避險基金是如何和銀行交易戶頭競爭的？

答：基本上我們是銀行的客戶，而非他們的競爭對手。但銀行的確控制交易戶頭。他們的業務和我們的業務差不多，我想對這方面關注也是應該的，甚至進行嚴密監控也是合理的。

問：你對財政部門有何建議？他們應該享有貨幣市場自由，還是維持固定幣值？

答：我不是很願意提供意見。我和大部分專家的意見相左。我相信，自由浮動匯率長遠而言是很難維持的。但在另一方面，固定的匯率制度也容易瓦解。歐洲貨幣體系正常運作了十年左右，但德國統一之後，動態不平衡出現，制度本身就跟著垮了。我想歐洲聯盟的繼續存在要靠單一貨幣制度，但這個目標很難達到。

問：公司行號、避險基金和投資銀行買賣的衍生性工具，設置目的是爲了限制風險，但這樣做究竟會增加還是減少風險？假如我們的市場規模較小，市場產品也較簡單，會不會比較有利？我們是不是已經建立起近乎賭博的制度了？

答：避險工具把風險從個人轉嫁到體制身上。這些工具的使用愈普遍（因爲廠商和交易商都不願意冒貨幣風險），轉嫁到體制身上的風險也愈多。所以到了某一點上是會有價格停擺的風險。在貨幣買賣方面，我們不說崩盤，而是說匯率的過度調整。

由於風險從個人轉嫁到體制身上，主持體系的人維持穩定是責無旁貸的。假如人人都是為了自己，就可以毀了整個體制。這是我特別要強調的一點。而這種危險是有的。

問：你打算怎樣做？政府部門並沒有私營企業資源。

答：我認為主管貨幣制度的人要協調一下經濟政策，使貨幣匯率的波動幅度不致過大，然後才不會出現不均衡的現象。

問：避險機會會影響市場嗎？

答：肯定不會。索羅斯基金管理公司佔避險基金百分之十五的市場，我們在貨幣方面的投資大概比一般避險基金活躍。我知道我們平均每日交易不超過五億美元。以絕對值而言，五億美元是一筆巨款，但比起每天在貨幣市場一兆美元的交易，我們只佔總交易額的百分之零點四。我想這一點應該很清楚了。

問：你說銀行要監控他們借給避險基金的錢是相當簡而易為的；你也說他們有相關的資訊；按照市況調整信用戶頭的規定等。但你們這些投資者是很內行的，不但願意接受市場風險，也輸得起。這牽涉到什麼公共政策問題？

答：針對公布資訊這一點而言，每一個人都受到同樣的規定規範，於是不但一般社會大衆可以知道我們的投資組合，其他大型機構的投資組合也無所遁形。我們是有所報告義務的。假如我們擁有某家公司股權達到某一個百分點，我們是要申報的。所以以市場而論，我們受到的調節和其他的機構沒有什麼不同。我們不受調節的地方是我們和股東的關係。換言之，假如基金經理人作了什麼壞事，他們並不受到證券及匯兌委員會保護。但由於我是我經營的基金中的一名持股人，我想其餘的股東得到的保障比任何條例提供的保障都好，因為我的錢和他們的錢都在同一個地方。所以這種夥伴關係是不必受到什麼保護的。

問：你在證詞中不是說你全力支持資訊的進一步公開和更嚴格的監管？

答：我想這一點政府當局應該有能力評估，例如有能力評估避險基金在最近市況遭挫中扮演的角色。他們也應該可以取得一些資訊，我們也肯定願意和他們合作。但假如我們被迫即時公開我們的投資部位，這可能是有害的。這將使我們的處境變得很困難，也可能引起不必要的一窩蜂行徑，雖然投資者應該知道這些是不對的。所以我覺得更公開資訊未必是件好事。假如政府當局覺得他們掌握到的資訊還不夠，我們願意提供。

問：你警告我們在草擬規定時要小心不會引起與我們原意不符的後果。我們應該怎樣應用這一項原則，可否舉例說明？

答：最明顯的例子就是貨幣買賣和債券買賣保證金制度方面的法規。目前我們仍沒有這種法規。在股票買賣方面才有這樣的法規，規定投資者要要繳交百分之五十的現金。固定利率投資、債券等也沒有這方面的規定。但債券價格是會變動的，所以債券買賣也應該有保證金規定，如百分之五至百分之十左右。但假如保證金金額太大，投資者就不會買債券，都轉而買債券選擇權了，因爲這樣才可以規避保證金規定。

問：衍生性工具對全球市場和國內市場的影響不是在改變中嗎？

答：的確是這樣。新的、冷闢的工具已經紛紛出現，但影響範圍有了很大的改變。這是值得研究的。舉例言之，最近有一種工具是把利息和本金分開的，這是一種很有趣的工具。但我覺得這種工具未必是必要的。

問：境外金融活動日益成長，在調節方面會有什麼問題？

答：我想這方面的調節應該是國際性的調節。目前主要的調節是國際清算銀行訂立的資金規定，這也是一項國際協定的內容。我想現在要處理的問題是使用衍生性工具的資金問題，這問題要提到國際場合討論。

問：銀行業已經夠小心了嗎？

答：在大起過程中，總會有走過了頭的危險，但我不覺得現在有過度放款的情形。我覺得，銀行過去元氣大傷，現在正在復元中。一般而言，我們不能怪他們放款過度。過去我們還要促使他們多放款哩。

問：主要的避險基金都跟誰借錢？

答：主要是向銀行借，投資銀行也是一個重要的融資來源。

問：投資銀行放款的額度現在比一般銀行還要多？

答：他們現在的融通額度相當大，但我仍然覺得一般銀行才是貸款的主要來源。

問：共同基金退出，是不是市場不穩定的原因之一？

答：這一點我在證詞中談到，但沒有細談。過去有不少資金流入共同基金手中，原因是存款證明長期以來報酬率都很低。資金流入也引起了一點金融泡沫，泡沫現在已經破了，市場也經過修正。

問：可否談你的基金平日都在做什麼？

答：我們在不同的市場運作，我們有股票組合，也買賣債券和一些固定利率工具，但我們的業務是全球性的。所以我們也有不少貨幣買賣，我們也使用衍生性工具，但使用的時間比一般人想像的少，原因是我們根本不了解他們是怎樣發生作用的。由於我們利用借來的錢投資，我們也不常透過選擇權買賣進行槓桿運作。

超越指數／喬治・索羅斯原著；霍達文譯. --
一版. --臺北市：金錢文化，民86
面；　公分. --(錢系列；6)
譯自：Soros on Soros : staying ahead of the curve
ISBN 957-792-099-3（平裝）

1. 索羅斯(Soros, George)-學術思想　2. 投資　3.金融　4.政治

563.5　　86000654

錢系列⑥

超越指數

SOROS ON SOROS

Staying Ahead of the Curve

原　　著／喬治・索羅斯
譯　　者／霍達文
封面設計／黃聖文
發 行 人／孫懷德
社　　長／戴禮中
出版總監／陳照旗
責任編輯／李玉珍・陳美琪
出 版 者／金錢文化企業股份有限公司
地　　址／台北市敦化北路102號12樓
電　　話／**2713-5388**
郵政劃撥帳號／14697941　金錢文化企業股份有限公司
新聞局出版事業登記證／局版台業字第6302號
總 經 銷／農學股份有限公司
定　　價／380元
出版日期／86年3月31日
出版刷次／一版二十刷
法律顧問／周憲文律師

ISBN：957-792-099-3